产品创新设计人员与组织匹配方法及系统开发

主　编　薛承梦
副主编　李　萍

科　学　出　版　社
北　京

内 容 简 介

本书根据匹配理论及互动心理学的观点，从人员个体与组织整体两个方面描述产品创新过程中人员与组织匹配的方法及其系统开发。全书共7章，第1、第2章主要讨论产品创新设计人员与组织匹配的特征及关键影响因素；第3章到第5章提出产品创新设计人员与组织匹配测度方法、单向匹配方法和双向匹配方法；第6、第7章主要论述匹配支持系统的设计开发与实施管理。

本书可作为工业工程、管理科学与工程等学科和专业的参考书，也可供广大工程技术人员和管理人员学习或培训使用。

图书在版编目（CIP）数据

产品创新设计人员与组织匹配方法及系统开发/薛承梦主编.—北京：科学出版社，2017.12

ISBN 978-7-03-054735-4

Ⅰ.①产… Ⅱ.①薛… Ⅲ.①产品设计-研究 Ⅳ.①TB472

中国版本图书馆CIP数据核字（2017）第246382号

责任编辑：马 跃 方小丽／责任校对：王萌萌

责任印制：吴兆东／封面设计：无极书装

科学出版社出版

北京东黄城根北街16号

邮政编码：100717

http://www.sciencep.com

北京虎彩文化传播有限公司印刷

科学出版社发行 各地新华书店经销

*

2017年12月第 一 版 开本：720×1000 1/16

2018年 9 月第二次印刷 印张：10 1/4

字数：206 000

定价：68.00元

（如有印装质量问题，我社负责调换）

前　言

当前，全球经济飞速发展，市场需求愈发多样化和个性化，市场充满活力的同时企业面临着更大的压力与挑战。在此环境下，提升产品创新设计能力是企业响应市场需求、增强自身核心竞争力的有力手段。信息技术的进步和先进制造模式的涌现为企业实现产品创新设计的能力提升提供了有力支撑。然而，多样化、个性化的产品需求使产品创新设计的任务变得更加复杂，仅通过设计方法的改进及设计过程的优化等方式难以提升产品创新设计的能力。根据匹配理论及互动心理学观点，从人员个体和组织整体两个方面研究人的行为和组织行为的互动关系，可促进问题的有效解决。

本书主要内容包括产品创新设计人员与组织匹配的特征及关键影响因素、产品创新设计人员与组织匹配测度方法、产品创新设计人员与组织的单向及双向匹配方法、匹配支持系统的设计开发与实施管理等。

本书主要由薛承梦、李萍撰写，杨育教授给予了精心指导，杨涛、郑玉洁、谈文静、梁志超、郭宇、王洁、郭晓华和马康靖参加了部分内容的编写工作。

本书是在作者的博士学位论文的基础上完成的。衷心感谢提供支持和帮助的领导，感谢专家的指点和同行的帮助与鼓励。

尽管作者为编写此书付出了极大努力，但由于能力及时间有限，书中存在不妥之处在所难免，敬请广大读者批评指正。

作　者

2017年6月1日

目　录

1 设计人员与组织匹配概述

1.1 设计人员与组织匹配概念及内涵

随着科学技术和产品创新技术的不断发展、市场环境竞争的日益激烈，以及先进制造模式和新技术的不断更替，以经验和手工业为主的传统产品设计和生产模式已经完全被现代先进的产品设计理念和技术方法所替代。产品设计在工业领域、科学研究和教育培训等方面虽然取得许多不错的成绩，但依然面对众多挑战。

根据表 1.1 的分析可以得到，产品设计的难度和风险随着市场的变化更加难以确定，企业当前面对设计任务多样化和设计环境复杂化，为提升产品创新效率和效益，企业在利用先进产品创新技术进行产品创新的同时，也必须注重创新设计人员的选择和支撑企业产品创新设计活动的组织管理等方面，以期从构成产品创新设计活动基本要素的设计人员与组织方面分析，寻找提升产品创新设计能力与效率的方法和途径。本书研究的是在人岗匹配问题中专门针对设计人员的特例匹配，那么我们先需要了解什么是岗位，什么是岗位匹配，岗位匹配的作用是什么，进而阐述什么是设计人员，设计人员对应的岗位特点是什么。

表 1.1　设计多样化分类

类别	设计对象复杂化	设计原则多样化	设计过程动态化	设计对象（产品）信息模型特征化	设计环境多元化
原因	客户需求不断提高和向复杂化发展、组成结构复杂、技术理念和手段复杂、制造过程复杂、项目管理复杂	考虑最优的时间、质量、成本、售后服务与环境；产品功能参数和性能指标参数之间的复杂关系；产品设计开始阶段（明确任务阶段），信息不完善	产品创新设计是一个创造性的综合信息处理过程，它是将抽象的信息逐步表达出来，最终以线条、符号、数字和色彩把全新的产品呈现在图纸和屏幕上	特征造型正在取代实体造型成为主流的产品信息载体，特征成为联系产品功能、结构、工艺、制造设备的纽带	用户、市场、供应商和合作伙伴的多元性；异地分布式协同敏捷的工作环境
目的	复杂性的增加意味着产品设计难度的增加，同时造成产品设计的成功率降低	性能参数和质量控制都相当困难	提高时间、质量、成本、售后服务与环境等指标	随着特征技术的不断发展，基于特征的产品设计将逐渐成为产品设计的主要形式	具体的产品设计任务需要分工协同合作，产品需要大规模定制化设计，需要严格控制设计单元的质量

1.1.1 岗位与岗位匹配及作用

1. 岗位的概念及构成要素

岗位，又称职位，是每一个企业的最基本构成单元，是组织工作的具体单元。岗位由岗位工作(task)、操作人(man)、职责和职权(responsibility and right)、环境(environment)，以及激励与约束机制(system of motivation restriction)五要素组成，是五要素相互作用的整体。

(1)工作。工作是对岗位的定义约束，其中工作的目的是达到岗位要求的具体任务，同时工作也包括了工作的内容、方法和质量要求的规定，而任务又决定着每个岗位的主要功能和性质。

(2)操作人。人在岗位中是唯一的能动因素，所有岗位和工作都是由人来完成的。岗位中的人在本书中被定义为岗位操作人，岗位具有连续性的特点，正是岗位操作人在其中起到的作用促使企业连续性地工作。本书中，岗位操作人就是制定产品的设计人员，这类设计人员必须具备一定的知识、技能和素质。另外，岗位与员工的匹配是一个互动发展和不断变化的过程，员工需结合岗位的特性、薪酬并结合自身特点进行双向选择，实现完美衔接，这匹配才是成功的。

(3)职责和职权。在现代企业当中，每一个岗位上的操作人都拥有职责和职权，职责和职权是两个相对概念，责是权的基础，权是责的衍生，职责离开权力就会失去支点，权力离开职责就会变味。权与责的平衡对于岗位操作人是相当重要的，责任越大，权也应该越大，如果责权出现不平衡的状态会造成企业内部矛盾，效率低下，甚至会对企业造成破坏。

(4)环境。环境是指某个体除自身外周围的人和事物，其中人指的是自己同事、上级、下级及合作伙伴；周围的事物则包括办公建筑物、室内装修、上班地点、周围交通、规章制度、企业文化等。岗位操作人是否适应于所处的环境，对企业也有很大的影响。从古语讲的“近墨者黑，近朱者赤”可总结出，一个好的环境对岗位中的人具有促进作用，而在工作散漫和不思进取的集体中则会使优秀的人变成庸人。因此，一个良好的工作环境对激发人的工作潜能具有积极作用。

(5)激励与约束机制。激励与约束机制是岗位的定向动力要素。岗位本身不但需要激励和预算，而且能够产生激励和约束的作用。

从以上分析来看，任务是岗位的前提，操作人是岗位的能动要素，职责与职权是岗位的保障，环境是岗位的条件，激励与约束机制是岗位的发动机。任何岗位的任务都是在这些条件下进行的，其中操作人起主导作用，其他都是被动进行的。

2. 岗位匹配的概念

岗位匹配从字面理解是人与岗位之间的匹配。岗位匹配是一个动态的过程，由于任务的改变、人员的流动，岗位随时处于一种流动的状态；岗位匹配也是静态的，是实现某种目的或达到某种要求的情况下人与岗处于最合理的状态，既要求人在此岗位上能发挥最有效的作用，实现岗位的任务、目标和职责，又要求此岗位能满足岗位操作的要求。

3. 岗位匹配的作用

岗位匹配的作用其实就是将合适的员工放在合适的岗位上，促使其充分发挥个人的主观能动性，完成企业分配到每一个岗位的工作，实现企业工作的连贯性，这是企业用好员工的关键所在，也是企业管理的目标所在。实现人尽其才、物尽所用，这就是岗位匹配的终极目标和理想状态。

4. 产品设计的概念

产品设计就是将人大脑中抽象的信息经过加工和改造，逐步呈现出各种线条、图案、形状、造型的一个过程，即将抽象转变为具体的一个过程。现代产品设计过程就是将市场需求通过某种映射，转变为产品功能要求，并将功能要求转化成能实现该功能要求的产品几何结构的过程。从另一个角度讲，这种转化桥梁相当于一种映射函数，一边输入产品设计的需求，另一边就直接产生产品设计具体方案。

5. 设计人员的概念及岗位特点

简单而言，设计人员即从事产品设计的人，没有什么产品是脱离人而开发出来的，同样没有一个产品是一个人开发出来的。开发设计一个产品的个体的集体即我们俗称的“项目团队”。因此，产品设计岗位应该具有以下特点：①需要一定的创新能力和挑战精神；②思维比较活跃，富有想象力；③具有团队合作精神；④具有较强的抗压能力。

1.1.2 设计人员与组织匹配概念

针对设计人员与组织匹配问题，由于缺乏一套系统的分析、识别、评价及选择的理论与方法，对设计人员的知识、性格、技能不能给出科学的评判，从而造成设计人员与组织匹配度不高，组织工作绩效低、人员抱怨、人员离职、人员跳槽等现象。而且在产品创新设计过程中，由于产品创新设计具有投资大、风险高、不确定性因素多等特点，如果人员与组织出现匹配不合理，造成工作效率低，不仅对自身企业造成重大经济损失，产品质量也无法完全保障。因此，为了有效避免产品创新设计活动带来的风险，避免产品创新设计过程中设计人员与组织间匹配问题给企业产品创新设计活动带来的风险，确保产品创新设计活动顺利进行，设计人员与组织匹配相当重要。

近年来，人员与组织匹配问题已引起众多学者和专家的关注。通过对现有研究成果和文献的搜集、分析和整理，从三个层面对人员与组织匹配概念进行概括：①从匹配动态角度来讲，人员与组织匹配是指将人员配置或指派给合适的组织，实现人员与组织之间一致性和互补性匹配；②从匹配内容层面来讲，主要包括人员需要与组织内部职位供给、职位需求与个人能力匹配、数量匹配和质量匹配等；③从匹配效果来讲，人员与组织匹配最终目标是达到人员特征与组织特征相适应、相匹配的关系状态。

由此可知，人员与组织匹配反映了人员与组织这两个实体特征的一致性、互补性、融合性，以及需要-供给或需求-能力的匹配程度。

产品创新设计过程中的人员与组织匹配，首先需要围绕产品创新设计目标、设计内容建立相应产品创新设计组织，然后根据各设计组织需求、特征对设计人员进行选择以实现设计组织功能。然而，该选择过程的实现并不是人员与组织的简单组合，而是为了提升企业产品创新设计能力和效率，期望具有创新能力的设计人员与组织实现最佳匹配，使得设计人员的创新意识、潜能得到充分发挥，创新设计组织的功能得到最佳实现，以此来达到产品创新设计人员满意度最大化、设计组织工作绩效最大化目标[1]。

组织正常工作的前提是管理，组织的任何活动，只有在管理者的管理下，才能按既定路线运行。组织要素是组成组织的基本单元，要素之间的耦合关系平衡是实现组织整体功能的原因。然而，耦合关系出现断裂或者不平衡则会造成目标无法实现。一个足球队需要一个教练，没有指挥，在比赛中，不能发挥每个球员的作用，犹如一盘散沙。因此，在一个组织中，需要管理，使要素之间的耦合关系平衡，彼此协作地进行工作，达到既定目的。组织活动发挥作用的效果取决于组织的管理水平。

组织对管理的要求和对管理的依赖性与组织的规模是密切相关的，共同劳动的规模越大，劳动分工和协作越精细、复杂，管理工作也就越重要。一般地说，在较小的社会组织活动中，都会出现分工协作，管理就是使各个工作协调和平衡，各个工作和任务彼此呼应，以此来实现企业的目的。在大型的组织活动中，如更大的公司或者事业单位，甚至一个国家，都需要进行更细密的分工，专业化程度要求更高，社会联系更紧密，因此管理水平也要更高。

工业如此，农业亦如此，一个规模大，部门多，分工复杂，物质技术装备先进，社会化、专业化、商品化水平高的农场，较之规模小、部门单一、分工简单、以手工畜力劳动为主、自给或半自给的农业生产单位，就要求有高水平、高效率的管理。

生产社会化程度越高，劳动分工和协作越细，就越要有严密的、科学的管理。组织系统越庞大，管理问题也就越复杂，庞大的现代化生产系统要求有相当高度的管理水平，否则就无法正常运转。

在组织活动中，需要考虑到多种要素，如人员、物资、资金、环境等，它们都是组织活动不可缺少的要素，每一要素能否发挥其潜能、发挥到什么程度，都会对管理活动产生不同的影响[2, 3]。有效的管理正在于寻求各组织要素、各环节、各项管理措施、各项政策及各种手段的最佳组合。通过这种合理组合，就会产生一种新的效能，可以充分发挥这些要素的最大潜能，使之人尽其才，物尽其用[4]。例如，对于人员来说，每个人具有一定的能力，但是有很大的弹性。如果能积极开发人力资源，采取有效管理措施，使每个人的聪明才智得到充分发挥，就会产生一种巨大的力量，从而有助于实现组织目标[3, 5, 6]。

在管理学中，针对不同的问题采用不同的方法进行处理，最先进的管理理念就是利用最有效、最节约或最简单的方法去化解复杂的问题与冲突。类似于在产品设计中实现在最短时间内，使用最少的人力资源和成本实现产品的最优化设计，这要求针对产品设计团队中合理安排设计人员到合适的岗位上工作，发挥每一个人的最大主观能动性。

基于上述分析，提出产品创新设计人员与组织匹配的概念，是指在产品创新设计过程中，为了完成企业既定产品创新设计目标，综合考虑设计人员、设计组织、外部环境等要素，通过对人员特征、组织特征，以及人员与组织匹配特征等的分析，将设计人员配置在特定设计组织中或设计人员选择进入到特定设计组织中，实现设计人员与组织之间特征、设计人员需要与组织供给、设计人员能力与组织要求、设计人员与组织及其所在环境等相匹配，形成一种良好的稳定状态，最终达到提升企业产品创新设计能力和产品创新设计效率，促进产品创新设计目标的实现[7]。

针对产品创新设计人员与组织匹配的概念，结合已有的关于人员与组织匹配研究的相关定义，给出本书研究的相关定义。具体如下。

定义 1.1 产品创新设计人员与组织匹配度指产品创新设计人员与设计组织对同一匹配因素之间的相互适应程度。

定义 1.2 产品创新设计人员与组织匹配契合度指产品创新设计人员与组织所有匹配因素之间的相互适应程度，分为一致性匹配契合度和互补性匹配契合度两类。

定义 1.3 产品创新设计人员与组织一致性匹配契合度指设计人员与设计组织之间的一致性因素相似程度，其值越大，双方的一致性匹配契合度越高。

定义 1.4 产品创新设计人员与组织互补性匹配契合度指设计人员与设计组织基于资源互补角度对所能提供的资源/要素满足对方需求的程度，彼此提供的资源越能符合对方要求时，双方的互补性匹配契合度越高。

定义 1.5 产品创新设计人员与组织匹配测度指对产品创新设计人员与组织契合度的测量，其内容包括设计人员与组织一致性匹配契合度值和互补性匹配契合度值的测量。

产品创新设计人员与组织匹配的实现需要对设计人员、组织、外部环境等要素综合考虑，而对设计人员与组织等要素基本特征的分析是实现设计人员与组织最优匹配的基础。因此，需要针对产品创新设计人员与组织匹配研究中涉及的设计人员特征、设计组织特征，以及设计人员与组织匹配特征进行深入分析，为设计人员与组织匹配问题研究奠定基础[8]。

1.2　设计人员与组织特征

特征是对研究对象特性的描述，产品创新设计人员与组织匹配特征分析是确定匹配影响因素和优化约束的前提。正确的设计人员与组织特征分析是确保产品质量、提高企业市场竞争能力的前提。

1.2.1　产品创新设计特征

产品的出现是由人类生存、生活、生产的需求而驱动的，现在被人们定义为“市场需求”；从市场需求这个角度出发，经过人的脑力劳动对产品的设想形成规划，并按照规划完成产品的开发设计与制造；然后是市场的销售和使用；当产品被市场淘汰，则进入产品报废和销毁阶段。如此周而复始，形成产品的生命周期循环，称为“产品生命周期”。

1. 需求分析

产品生命周期最前端与最基础的是需求分析。当代企业生存和发展的核心就是以用户为中心。辩证地思考、准确地分析和把握市场需求，并将其运用于产品设计全过程之中，产品才能被市场接纳。

需求分为显性需求和隐性需求。显性需求体现为市场对产品实物形态和相关技术指标的各种要求，包括结构、重量、体积、功能、质量、品种、规格、造型、色彩等；而隐性需求则指产品的心理期望和隐含特性，包括新颖、美观、舒适、便利、服务等。设计人员应通过需求分析，抓住本质，集中力量解决主要需求，保证产品设计成功[9]。

市场调查、用户访问、产品跟踪是市场需求获取的主要途径。针对新产品开发的特点，采用调查问卷、面谈、访问等方式；对于改进产品，则利用同类产品的市场变化进行分析与研究，获取产品的需求信息。

2. 产品规划

产品规划是根据市场需求分析的结果和产品市场定位的预测。产品规划是一项复杂的工作，主要有市场与行业研究、产品规划人员之间的沟通、数据收集与分析、提出产品发展的远景目标、对产品的长期发展规划进行设计和描述。

3. 产品设计

设计是在产品规划、已有知识和经验的基础上，为实现产品的功能与性能目标，创造性地完成产品整体构思、系统布局、结构分解与整合等，并寻求获得最优解。

设计按任务类型分为创新性设计、适应性设计及变异性设计，本书针对的就是创新性设计。产品设计是一种抽象的思维工作，将无序的、零散的信息进行整合和编辑处理，最终得到产品设计模型。而且在这个过程中部可能通过某种固定的公式完成，因此这个过程是相当困难的。

4. 工艺规划

工艺规划是将产品相关抽象的理念转化为具体的信息，如部件的大小、结构形式、零件的尺寸信息，这些具体的信息将生成技术文件，包括加工、检测、装配、实验过程的技术路线与工艺计划。

工艺规划包括制定工艺路线和设计工序。工艺路线主要描述毛坯选择、加工方法、加工路线、工装选择等。工序设计确定每个工序和组成工序的工步的顺序、装夹方案、刀具、夹具及切削参数。另外，还要确定工时、辅助条件，在需要安排数控加工时，数控程序的编制是工艺规划的重要内容。

5. 生产计划

生产计划基于工艺规划，合理地利用资源，充分发挥每一台设备的效率，节约成本，实现产品设计和工艺规划。

6. 产品制造

产品制造一般可划分为毛坯制备、零部件制造和产品装配三个阶段。基于产品的设计和工艺规划，依据生产计划，实现从原材料到零部件、成品产出，即将产品设计实体化的过程。

7. 产品销售

将生产的产品通过一级级的经销商输送到客户手中，只有将产品销售到客户手中才能实现产品的价值。

8. 产品使用

产品的使用价值就是在这一阶段体现，产品的使用阶段是以产品报废为节点。

9. 技术服务

产品的使用过程中，必定存在一些后期的技术服务，如手机故障维修、技术指导，其目的就是使顾客有更好的客户体验，使产品的使用价值发挥到最大。

10. 产品报废

报废是产品生命周期的最后阶段。由于能源及原材料日益紧缺，环境问题逐渐突出，能否拆卸及回收再利用问题已成为全球问题，也是关系到人类能否可持续发展的问题。虽然该问题是在产品生命周期结束时才体现，但产品的可拆卸性和可回收再利用性则是由产品开发阶段所决定的。

根据以上分析，产品设计过程是以用户为中心，通过某种映射关系将模糊的用户需求转化为表征产品的相关数据。设计也是一个知识整合和创新的过程，通过已有的信息，凭借以前的经验，利用恰当的技术，最终将某种目的或需求转换为一个具体的形式，可能是一种具体的实物，抑或一种创新并具有特色的服务。产品也能表现它所处时期的经济、文化、技术特征。

创新分两类，第一类创新是原始创新，是一种从无到有，跨越式的创新；第二类创新则是一种改进式创新，在原有产品的基础上，根据用户需求，对原有产品进行改进、升级，创造出新功能，或者使功能更全面。从需求层次上讲，创新是将一种潜在的需求挖掘并满足的过程。

产品创新设计是一个人类思维高级活动的过程，也是一种创造性的智力活动，设计者充分发挥自己的创造力，利用新技术、新原理、新方法进行创意构思、产品分析和设计的活动，其主要特征可以概括为以下五个方面。

(1) 设计的系统性。产品创新设计良好成果的获取不仅要求企业内部各个部门之间的密切配合[10, 11]，也需要与外部环境等其他要素的变化保持良好的适应性，包括经济、政治环境及其他相关的技术水平发展等要素。

(2) 设计过程的协同性。协同性是产品创新设计最基本和最主要的特征。在产品创新过程中，具有不同知识背景的创新主体、不同设计功能的创新组织通过交互、通信、协作等方式共同完成产品创新设计目标，以提升产品创新设计的综合能力[12]。

(3) 设计的新颖性。产品创新设计应该充分考虑设计成果具有功能、材料、技术、款式等方面的先进性和独创性[13]。

(4) 设计的技术性。产品创新设计以设计出具有经济效益和新颖度的产品为目标，而这一目标的达成需要先进的技术、方法、工具和手段为支撑[2,6]。

(5) 设计成果的高价值。产品创新设计的成果不仅具有较高的使用价值，还拥有高附加值，这是由于产品创新设计过程中附带有较高的无形知识[14]。

1.2.2 设计人员特征

设计师最简单的解释就是从事设计工作的人。更加正式地讲，设计师是将抽象、复杂、无序的一系列思维构想转化为实体产品的人，也是从事创造工作的人。

从古典意义上讲，设计工作者主要从事绘画、建筑和雕刻工作，如金字塔、壁画、故宫等。服饰、家具和常规物品的设计由普通工匠完成，许多产品都被遗留下来，如明代的家具、清朝的瓷器等。当今技术的发展，科技水平的提高，使得产品需求多样化。因此，产品设计也更加专业化、细致化地发展，如景观设计、城市规划、室内设计、发型设计、工业设计等。

如今的产品设计过程都是由产品设计团队完成的，团队中由主设计师负责，领导不同专业领域的设计人员共同完成设计目标。对于更复杂的产品设计，不同专业领域的设计人员更多，专业跨度更大，耦合关系更复杂，岗位与设计人员的合理匹配对于产品设计目标的达成存在决定性的作用。为此，本书需要对设计人员进行深入分析。

设计人员的素质存在以下四个方面的特征。

(1)设计人员个体的素质存在可知性和差异性。从哲学角度讲，存在则可知，人既存在，则可被认知、了解，但由于每个人的成长环境不一样，每个人存在差异，存在差异造成个体的独立性，因此素质评估存在必要性，也是岗位匹配的先决条件。

(2)设计人员的素质存在相对稳定性。相对一个独立的个体而言，个体素质存在稳定性，在短时间内，不会对其造成太大的冲击和波动。对于某些冲动而言，对于特定的人群、特定的品格，他们会做出相同的选择和判断。这种素质的相对稳定性是建立在统计学基础上的，素质评估具有了真实性和可靠性。

(3)设计人员的素质存在可测性。尽管人的心理素质是无法直接观测的，但是人的素质是隐藏在人身体上并客观存在的。人的素质具有抽象性，它总会通过人的行为反映出来[15]，我们可以通过人对外界刺激的反应来间接测量其心理。现代素质测评技术正是通过人的外显行为来推断其心理过程和心理素质的。人的心理活动可以有效地测量。也存在一些对心理上的语义研究，来判断设计人员的素质，做出正确的判断。

(4)现代社会是由许多不同层次、不同部门的岗位系统组成的。由于每一个岗位对工作性质、工作内容、技术难度和责任的要求不相同，所以对任职者的素质要求也不相同。由此，人与岗位的匹配的问题成为现代人力资源管理的重大研究课题。而要做到人岗匹配，首先需要对人和岗位进行客观认识与评价。为了了解岗位，就有了工作分析、工作描述、岗位评价等岗位分析和评价技术。而为了了解和评价人，就产生了心理测验、面试、评价中心等人才评价手段[15]。

由于产品创新设计人员受教育程度、工作性质、工作方法与工作环境不同，产品创新设计人员相对于普通产品设计人员具有不同特征。根据产品创新设计的相关特征及创新工作的要求，分析产品创新设计人员的特征，主要包括以下五个方面。

(1)更重视自我价值提升。产品创新设计人员具有较高的个人素质，因而具有较强的自我价值实现的愿望，与普通员工相比，设计人员更热衷于挑战性、创造性高的工作，通过工作本身提高自我价值和自我满足感[16, 17]。

(2) 具有很强的创造能力。由于产品创新设计人员工作性质的特点，设计人员所从事的工作不是重复性工作，而是创造性工作，因而设计人员更注重创造能力的培养，以提升自身产品创新设计能力[16]。

(3) 具有较强的独立性、自主性。产品创新设计人员拥有丰富的知识资本，更善于思考，在工作中更强调自我引导、自我管理，所以设计人员在工作中体现出了较强的独立性、自主性[18]。

(4) 具有较高的自我管理和自我监督意识。由于产品创新设计人员与普通员工的工作特点有很大差别，设计人员所从事的工作都是非程序性的，没有固定流程，所以呈现出很强的随意性与自主性。因此，对设计人员的监督和管理有一定困难[19]。

(5) 流动性。一般而言，产品创新设计人员对专业的忠诚度高于对组织的忠诚度。由于设计人员对于知识更新具有强烈愿望，他们需要经常更新知识，通过工作来使自己不断充实提高。如果当前工作对于他们来说没有了任何挑战或失去了意义，他们往往会选择离开或放弃，去寻求一份更具有挑战性或者知识性更强的工作，所以，相比于一般的产品开发人员，设计人员存在一定的流动性[20]。

1.2.3 设计组织特征

组织从某种程度上讲，组织与系统是同一概念，在广义上说，组织是指诸多要素按照一定方式相互联系起来的系统[21]。人的身体是由各个器官组成的，各个器官的相互配合才维持人的正常生活；狭义上讲组织是为了实现共同组织目标，而按照某种规则和程序构成权责结构安排和人事安排[22]。比如，公司和企业作为一个组织，为了实现公司营利的目的，对公司员工进行合理的人事安排，并分配工作任务，合理的人岗匹配和任务安排会使组织的效率更高。

任何事物的性质均由事物本身决定，该性质又体现了事物的构成要素，因此可以通过了解性质认识事物构成要素。在系统科学研究中，人们从各个方面描述了系统或组织的具体特征，如整体性、统一性、结构性、功能性、动态性和目的性[23]。目的性、整体性和开发性是最普通与最本质的特征。

第一，稳定性。稳定性分为两种。一种是非生命系统普遍具有稳定性，系统在面对温度、机械等外界变化时，状态不会产生明显改变。比如，系统体积随温度改变而改变，但最后都会恢复原状。另一种是社会系统、人工控制系统和生命系统等具有的，受到某种干扰，偏离正常状态后，自动趋向某种状态的性质。这种目的性往往是生命系统才具有的特性。

第二，整体性。整体性是系统最重要的特性。

第三，开放性。系统不是孤立封闭的，它一定是依托于某种环境而存在的，并同外界环境进行物质、能量和信息的相互联系与作用。系统具有开放性才能稳定存在并发展。

针对产品创新设计组织而言，设计组织是以设计创新产品为目标，其组织特征与一般组织特征不同，其主要特征包括以下四点。

(1)组织开放特征。从系统观念出发，创新组织在进行创新行为时，需要不断地从外界引入物质流、能量流、信息流，通过内部学习、相互模仿、吸收利用、积累扩散，进而输出创新产品设计方案，并在创新过程中，与外界保持动态交互，因此，创新组织是一个开放的复杂系统[24]。

(2)组织学习特征。产品创新设计组织具有学习型特征。学习型组织是指善于获取、创造、转移知识，并以新知识、新见解为指导，勇于修正自己行为的一种组织形式。学习型组织把学习当作一项基本职能，学习是组织生存及发展的前提和基础。通过学习，每个成员能充分发挥其创造性能力，使个体价值得到体现，而且组织绩效得以大幅度提高。创新以掌握一定的知识积累为基础，学习是创新的前提，是创新的准备。

(3)组织创新特征。创新特征是产品创新设计组织的重要特征。首先，产品创新设计组织应该具有创新文化，这有利于催生创新灵感、激发创新潜能、保持创新活力。在这种环境中，创新主体勇于创新，拥有自由的创新空间，创新成为一种文化。其次，创新是组织的一项基本职能，这表示组织有一套固定结构可以发掘问题、产生与评估想法，并针对这些想法提出具体行动方案，从而使组织问题获得具体且实际的解决[25]。

(4)动态适应特征。由于创新本身的性质，在产品创新设计过程中，需要解决不断出现的新问题，产品创新设计组织需要以不同的形式响应市场需要，这意味着组织需要具有高度柔性。一方面，根据不同产品的新创意，迅速组建不同结构和成员的组织团体；另一方面，可动态调配与重组组织内各成员的创新资源。组织结构的动态适应性是有效、快速地应对市场需求变化进行产品创新设计的保障[26]。

1.2.4 设计人员与匹配特征

人岗匹配有以下定义：从过程来讲，指的是将人分配到岗位上。从结果来讲，是指什么样的人在什么样的岗位上的状态性的描述。人岗匹配就是要根据企业战略与环境、人员素质、岗位要求等，通过岗位管理既为岗位匹配最合适的人员，也让岗位更加适应人员的特点和需求。

为取得高绩效，只能将人与岗位匹配，为达到这个结合，首先，每个工作岗位都要体现出具体明确的特殊要求，每个员工都具备胜任某一工作岗位的知识、技能和才干。其次，每个工作岗位的需求特征与员工供给特征常常不能完全吻合。所以只能是柔性的员工的供给特征来满足刚性的岗位的需求特征，即确定合适的配合公差。最后，每一个岗位匹配有相应的匹配结果产生。

人员与岗位之间的匹配体现在四个方面。第一，供需匹配。岗位需要的特征与员工所能提供的特征之间能够匹配才能更好地完成岗位职责，人的才能也能得到体现。第二，工作报酬与绩效水平匹配。只有报酬能很好地体现绩效结果，员工的积极性才能有所保障，人岗之间的匹配才能是良好的。第三，合作员工之间的匹配。有的岗位职责要求员工具有较强的合作能力，只有员工之间能协调合作，匹配才是成功的。第四，岗位之间的匹配。在进行岗位设置时就要注意岗位之间职责明确，衔接有序。

通常来说，人岗匹配有两点重要特征。其一，双向选择。由于每个工作岗位有相应的特征和报酬，每个人的兴趣、特长亦不同，选择时考虑的因素也不尽相同，只有在双方都合意的情况下才能匹配。其二，动态匹配。低程度的匹配和高程度的匹配会因个人素质的提高或停滞而相互转化。

总之，人岗匹配的研究是企业不断适应内外部环境发展和变化，寻求更优的过程，有助于员工与岗位两者都达到最佳状态，实现组织和员工的双赢。

在产品创新设计过程中，一方面，创新设计组织的设计、规划、变革等要顺应员工的心理；另一方面，设计人员在组织的运行、变革中也应逐步适应组织发展需要，即通过自身力量建立和维持系统对环境的适应，从而产生自适应性，设计人员与组织的匹配达成最佳匹配状态。设计人员与组织间的相互影响、相互作用实质上反映了彼此之间相互满足、相互适应和动态平衡发展原理。通过上述分析，设计人员与组织之间的匹配特征主要包括以下三点。

(1) 动态性。产品创新设计人员与组织匹配是不断变化的。在起始阶段，设计人员根据组织要求，结合自己的技能、特长与爱好在双方需求都获得满足时达成一种匹配。随着组织发展战略与组织文化的变化，组织要求可能发生变化，此种变化会对原本符合该组织要求的设计人员提出新要求；同时设计人员的素质、能力和经验也可能随着时间增长发生变化，有些设计人员需求随之提高，会寻找更适合的组织；有些设计人员故步自封，甚至后退，不再适合组织要求，组织就需要重新寻找更加合适的设计人员[10,14]。

(2) 层次性。产品创新设计人员与组织匹配的起点就是组织需求的获取，只有在了解组织要求的基础上，才能选择到合适的设计人员，实现设计人员与组织匹配。组织需求获取的基础就是科学的组织设计和工作分析，只有通过全面地、分层次地评价工作环境，界定组织的职责，才能判断组织需求特征，进而去寻求与之相对的设计人员。由此可知，产品创新设计人员与组织匹配具有多层次性[10]。

(3)客观性。随着企业之间竞争的加剧，人力资源已经成为企业快速发展的重要保障，然而仅依靠简单的人力资源堆积是难以应对市场竞争和环境变化的，因此必须对人力资源进行有效配置与合理使用[27]。然而，在我国多数企业中仍采用传统的人事管理模式，主观臆断，忽略了设计人员与组织匹配的客观性，缺少科学客观的技术手段、程序来处理设计人员与组织匹配问题，造成组织的作用、职责、任务及岗位对人员素质、能力需求的含糊不清，从而导致设计人员的选择、培训、开发，以及薪酬体系的制定缺乏标准和依据，致使设计人员与组织匹配缺乏必要基础，造成人力资源配置不合理，设计人员与组织匹配满意度低。

1.3 本 章 小 结

本章首先对产品创新设计人员与组织匹配的概念和内涵进行了研究，其次描述了产品创新设计人员与组织的相关特征，主要介绍了产品创新设计的特征、设计人员的特征、设计组织的特征，以及设计人员与匹配特征。

2　产品创新设计人员与组织匹配关键影响因素识别

产品创新设计人员与组织能否高度匹配是影响人员满意度与组织设计能力的关键，识别产品创新设计人员与组织匹配影响因素则是实现产品创新设计人员与组织匹配优化的基础[28]。

在实际工作中，产品创新设计组织通过任务分配、资源共享、信息交互及知识交流等方式不断发挥并提高自身创造力。其中，设计人员与组织之间能否高度匹配是影响设计人员工作满意度和组织设计能力的关键因素之一。因此，如何提高设计人员与组织之间的匹配程度成为当前需要解决的关键问题之一。为此，首先需要明确在产品创新设计过程中，影响设计人员与组织匹配的各类因素，为实现产品创新设计人员与组织最佳匹配奠定基础[29]。

产品创新设计人员与组织匹配是设计人员与组织由陌生到相互适应的过程。在匹配形成过程中，受到若干要素的影响，为全面分析这些因素，将匹配的形成过程分为三个阶段：人与组织互动、岗位与职业契合、员工与组织交换[30-32]。具体内容如下所述。

1. 人与组织互动

首先，要实现人与组织的匹配，要求两者之间实现交流，即人与组织的互动。Lewin 在《人格的动力学说》书中认为："一个人当时所处整个环境中的心理状态决定了人的心理行为。"一般地，人的心理状态由三部分组成：深层次需求、内层知觉和运动。其中，深层次需求产生动机，动机形成行为。因此，深层次需求是一个人行为的基本原因。在一般情况下，一个人的深层次需求保持着一种动态平衡，一旦有外来刺激打破这一平衡，心理区域之间便会有冲突，为了达到平衡，就会寻求能满足需求的目标，用行为去实现目标。

通过人-环境互动理论可发现，一个人的行为不仅取决于人员个体及其所处的环境，还取决于个体与环境的相互作用及相互影响。对于组织设计人员来说，所面临的环境有组织外部环境、组织内部环境、群体环境及个人心理环境。由此，个人与环境的互动可分为四个方面：个人与组织外部环境的互动、个人与组织内部环境的互动、个人与群体环境的互动及个人与内心心理环境的互动。其中，在产品创新设计组织中，设计人员与组织环境的互动在一定程度上形成了人员与组织的匹配。假如没有两者之间的互动，匹配的形成则无从谈起。

其次，在人与组织的互动过程中，随着交流的逐渐深入，两者对彼此的认识可能会上升到更高层次，人员与组织可能会被对方具有的特质吸引，两者为共同实现各自的目标，可能会对各自的原有条件做出让步。这些不断深入的互动将为匹配的形成奠定坚实的基础[33]。

ASA (attraction-selection-attraction，吸引-选择-吸引) 理论将人与组织的互动归纳为吸引—选择—磨合—离职这一过程。组织自身行为标准吸引人员加入，之后，当个人觉得自己与组织不匹配时就会离开。ASA 模式本身是一致性匹配概念的雏形，它强调个人符合某些特质才能进入组织，不符组织的特征时便离开。因此，ASA 模式关注人员个人特征与组织特征的相似性，虽然没有准确地说明个人哪些特征是与组织哪些特征相联系的，但该理论阐述的人员与组织特征的相似性对人员-组织匹配程度有直接影响。因此，人员与组织的互动是产品创新设计人员与设计组织匹配形成的基础。

2. 岗位与职业契合

人员与组织通过互动对对方有了深入认识后，如果人员的职业规划与组织的岗位性质吻合，同时，人员的条件符合组织岗位的要求，此时，人员与组织的匹配便可形成[34]。

约翰·霍兰德 (John L. Holland) 将职业选择看作一个人人格的延伸，职业选择也是人格的表现，同一工作环境的人往往有相似的人格[35]。

霍兰德将人的个性分为六种类型：实际型、研究型、艺术型、社会型、企业型和传统型，如图 2.1 所示。同时他认为，任何一个职业是六种类型中的一种或几种类型的组合；人们一般都倾向于寻找与其个性类型相一致的职业类型；个人的行为取决于其个性与所处的职业类型。一个人对职业是否满意，职业是否稳定，是否有职业成就感，在很大程度上取决于个人的人格与职业类型的匹配。

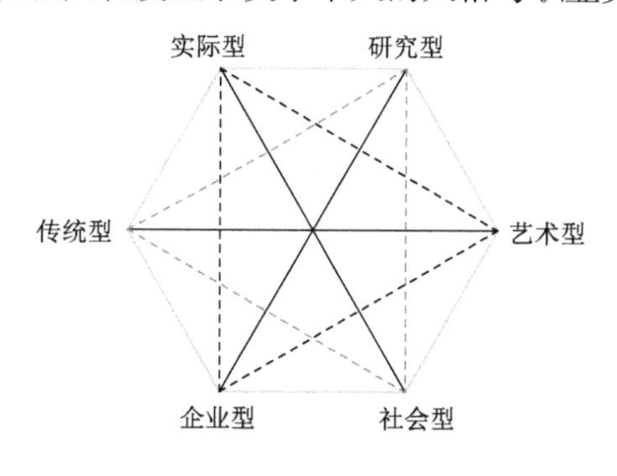

图 2.1 职业规划理论——霍兰德六角型

根据霍兰德的人业互择理论，人员能够找到与自己个性特点相似的职业类型是最理想的，此时，个体可以充分利用自己的优势，发挥自己的才能，喜欢所从事的职业，达到较高的工作满意度。所以，个人的个性类型与职业的个性类型的相似程度越高，个人的职业适应性和工作适应性就越强，人员与组织的匹配程度就越高。相反，相似程度越低，个人的职业适应性和工作适应性就越弱，人员与组织的匹配程度就越低。因此，基于霍兰德的人业互择理论可知，人员职业需求与组织岗位性质的契合是产品创新设计人员与设计组织匹配形成的关键。

3. 员工与组织交换

由于产品创新设计人员与组织的匹配是一个动态过程，在组织发展及人员职业规划的各个阶段，如果人员与职业保持在契合状态，稳定的匹配便可形成，此时设计人员与设计组织之间形成了可靠的交换机制。

根据施恩(Schein)的职业生涯划分理论，可将一个人的职业生涯分成九个阶段：成长探索、进入工作世界、基础训练、正式成员资格、职业中期、职业危险、职业后期、衰退离职和退休离开组织等阶段。在每一个阶段，个人都希望找到与自身相匹配的组织。个人需求随着职业生涯的发展不断变化，组织需求同样随着组织的发展不断变化，因此在不断变化的过程中，稳定的匹配必须依靠一定的机制维持。社会交换理论主张人的一切活动和社会关系都是以奖赏和回报为向导的。组织为人员提供的投入包括薪酬、经济性福利、职业生涯管理和参与决策等。人员对组织的回报包括人员绩效、组织公民行为和组织承诺。在不同阶段，只有人员与组织间的这种奖赏和回报维持在彼此满意的状态，匹配才能保持。因此，基于社会交换理论，设计人员与组织的交换是稳定匹配形成的保障。

产品创新设计人员与组织匹配形成的主要过程包含人员与组织的互动、人员职业需求与组织岗位性质的契合，以及人员与组织社会的交换三个阶段。伴随着匹配过程的进行，匹配双方即人员和组织同样进行着各自的活动[36, 37]。一方面，组织根据自身需要通过招聘等方式选择合适的人员；另一方面，人员根据自身职业规划通过应聘等方式选择合适的组织[38]。

产品创新设计人员与组织匹配影响因素，以匹配形成的过程为主线，以匹配过程中人员与组织的行为为切入点，在分析人员与组织自身固有属性的基础上，根据匹配形成的基本原理，系统地研究产品创新设计人员与组织匹配影响因素。其中，根据产品创新设计人员与组织匹配过程及其特征，结合系统学原理，本书将影响因素分为系统内部因素与外部环境因素，其中系统内部因素包含人员因素与组织因素[39]。研究思路如图 2.2 所示。

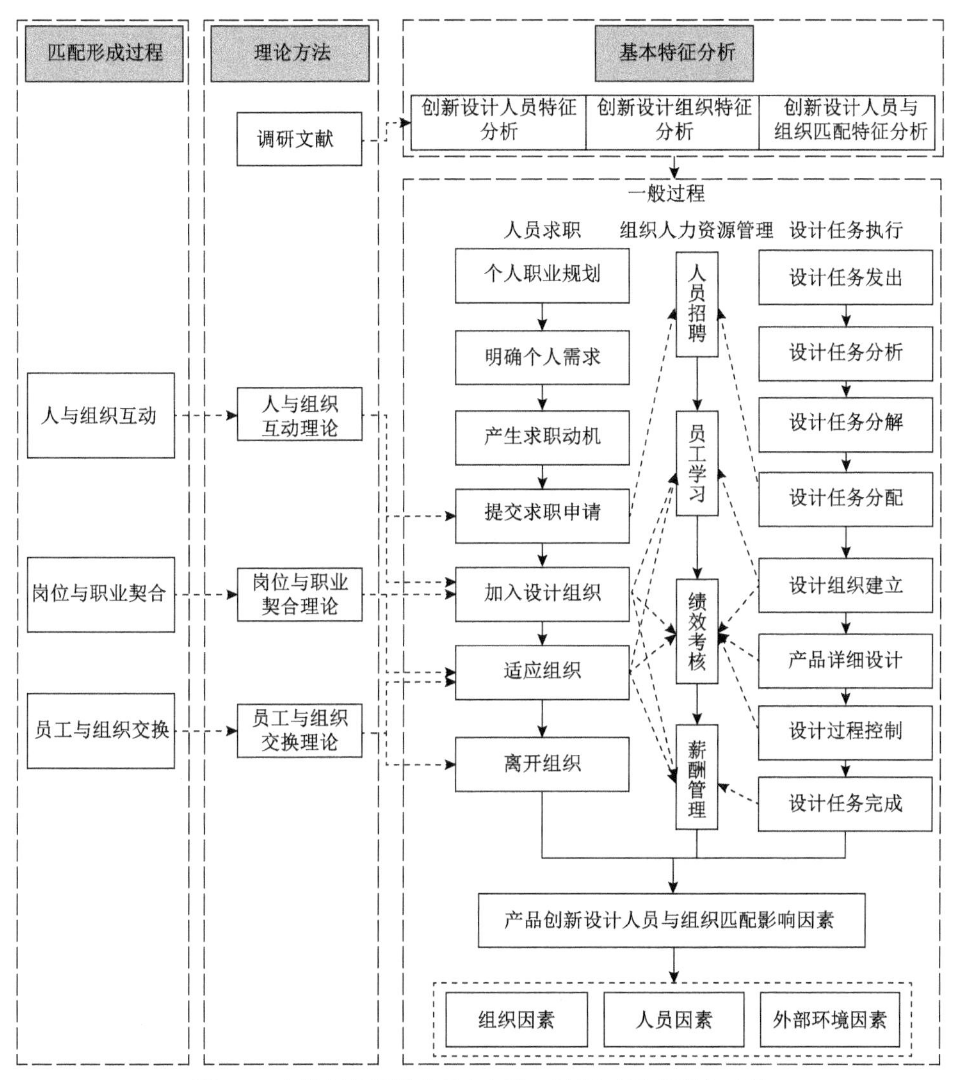

图 2.2 产品创新设计人员与组织匹配影响因素研究过程

2.1 设计人员与组织匹配影响因素

为了对设计人员与设计组织匹配中的影响因素进行研究，根据识别过程及匹配特征，从设计组织、设计人员和外部环境进行阐述。

2.1.1 设计组织因素

根据组织发展战略及任务，选择合适的人才是人力资源管理的主要内容之一，这也是实现人员与组织最佳匹配的基础。目前，人才供需矛盾较突出，主要表现在：一方面，人才无法快速准确地找到与自身要求匹配的组织；另一方面，组织又难以快速地找到适合的人才[40]。

在组织管理过程中，影响人员与组织匹配效果的因素主要体现在以下九个方面。

1. 产品设计技能要求

产品创新设计因为要满足系统性、协同性、新颖性、技术性及价值性等要求，对设计技术有着较高的要求。也就是说，对组织而言，其主要任务是完成产品开发设计工作，这需要组织内成员具备相关的专业技术[41]。如果人员技术水平及学习能力达不到产品创新设计任务需求，那么该人员便不适合参与该组织，即无法形成匹配。比如，车床工人的专业素质和技能与其岗位工作职责要求有关，技能和素质的高低决定其是否能良好地完成工作，而其艺术素质则与其工作无关。而艺术家反之亦然。也就是说，特定的岗位有着特定的技能素质需求。因此，组织的产品设计技能要求会直接影响产品创新设计人员与组织的匹配。

2. 组织创新环境

组织创新环境也就是工作岗位所处的环境。组织创新环境对工作是否能良好完成有着重要的影响。合适的组织环境能良好地支持工作，而不合适的组织环境则会对工作完成有着阻碍作用。而组织环境主要包括物质环境、人际环境和社会环境。其中，物质环境指的是设备和场地等物理环境，如温度、湿度、亮度、场地范围等。人际环境指员工与其他人的交流，如其他员工和领导、下属员工等。

产品创新设计组织具有开放性和学习性特征，由此可见，组织的创新环境对产品创新任务的完成具有重要作用。一方面，这能给予组织成员较高的决策权，加快组织的响应速度，增加创新的乐趣与动力，从而提升组织的产品创新设计能力。另一方面，具有创新天赋的人员往往对新鲜事物拥有强烈的好奇心和活跃的思维，对此在产品创新设计过程中，赋予创新设计人员较宽松的工作环境是激发创新灵感、满足其工作需求的有效条件。因此，组织的创新环境会影响产品创新设计人员与组织的匹配[42]。

3. 组织文化

组织文化是企业在特定条件下，在生产、经营和管理等活动过程中形成的具有企业特点的精神文化或物质形式，包括历史传统、行为准则、企业制度、文化环境、价值观念、道德规范、企业产品等。组织文化有着丰富的内涵，核心是组织的精神和价值观。形成组织文化的过程往往是通过对企业制度的严格执行促使群体产生某些行为的自觉性，并最终形成组织文化。

组织文化对企业发展的推动力越来越受到重视，被视为企业的灵魂。企业也期望能通过组织文化解决现代企业管理中的某些问题。企业管理理论将人视为追求效益的客体。而企业文化管理理论则把人视为管理理论的中心，将文化概念自觉运用于企业追求效益的过程中。组织文化的作用还体现在对员工使命感的激发上。组织文化通过提升员工的归属感，使员工为了企业的目标和方向而努力。组织要有意识地培养组织文化和员工的使命感，进行企业价值观的传播。组织文化也应培养员工的荣誉感和成就感，使其共同为了企业使命而努力。

著名学者施恩认为，组织文化是包括道德规范、传统、风俗、习惯等在内的集合体。一般地，组织文化包括三层：一是表层文化，表层文化直接影响组织形象，因为外部的公众看不到组织内部的东西，只能通过观察表层来分析判断这个组织。二是制度文化，指在日常工作中所形成的规范、标准、流程和制度，对人的行为进行强制约束。三是核心文化，它是指一个企业的精神层面的内容，包括一个组织经营哲学、道德观、管理思想和组织精神等。因此，组织文化会影响人员与组织价值观的匹配、目标的匹配、文化氛围与人员性格的匹配。组织文化影响着组织内环境氛围及人员的工作满意度，这将直接影响产品创新设计的效率。所以，组织文化会直接影响产品创新设计人员与组织的匹配[43]。

4. 组织目标

组织是为了一定的目标而建立的，组织活动的宗旨和指南是组织目标。组织决策、绩效评价等都要以组织目标为导向。每个组织有着自己独特的目标，这也是区别不同类型、性质组织的标志之一。目标是一个组织存在并良好发展的重要因素，确定准确合适的组织目标是组织的头等大事，这个目标应该被组织中的成员理解并且接受，并为之共同努力。

确定目标是组织进行战略计划和其他部署工作的基础。组织目标的确定要经过严谨的分析和周全的思考，主要分为内外部环境分析、总体目标的确定及总目标的分解和协调。这决定了组织目标有着时间性、差异性、多元性和层次性等特点。组织需要把战略性的目的分解为可以落实的、具体的目标，才能为组织的营利活动提供具体的导向作用。也就是说，组织既要有一个一以贯之的总目标，也要有一系列的子目标来支持这个总目标。这一系列的子目标往往是分层次结构的，各个层次的目标又是相互联系、相互制约的，一个目标体系由此构成，同时组织的整体特征也被反映出来。比如，总目标可以分解为一级目标、二级目标等，也可以按反映在组织的不同方面来划分。

组织目标决定组织运作的主要内容，决定组织的发展方向[44]。在产品创新设计中，如果组织目标与人员个人职业发展规划目标一致或相近，说明人员在组织中容易实现个人目标，这就容易实现组织与人员的匹配。因此，组织目标会直接影响产品创新设计人员与组织的匹配。

5. 员工招聘渠道

组织根据自身的设计目标及技术需求选择合适的设计人员，这需要通过人员招聘完成。人员推荐可以在一定程度上降低人员招聘的风险，因而在国内外很多公司得到广泛应用[45]。特别地，当企业处于起步或发展阶段时，由于企业资源和自身条件有限，难以招揽人才，此时，人员推荐便可起到举足轻重的作用。例如，通过人员推荐的应聘人员一般对组织比较了解，认同感强，人员与组织的匹配程度较高。

企业招聘的不同形式对产品创新设计具有不同的影响，主要有现场招聘、网络招聘、校园招聘、传统媒体广告、人才介绍机构、内部招聘、员工推荐、人事外包这几种形式[46]。

现场招聘是企业通过第三方，以招聘会或人才市场的方式与人才进行面对面交流。招聘会较为正式，具有特定的环境和主题。企业可以通过对毕业时间、学历层次和知识结构的筛选较为便捷地选择合适的应聘者；节省了企业的时间，也方便企业进行深入考核。但是因为招聘会人才类型较为单一，企业可能会需要参加多场招聘会，提高了招聘成本。人才市场的特点：长期分散及相对固定的地点。因此，对于一些需要进行长期招聘的职位，企业可以选择人才市场这种招聘渠道。现场招聘的时间和费用成本较少，效率较高。但现场招聘具有地域的约束，也受到宣传力度和宣传形式的限制。网络招聘是在网上发布招聘信息或者直接在网上进行其他招聘流程。网络招聘没有地域限制、受众多、时效长、信息量大，但是简历信息筛选需要花费较多精力。校园招聘是在学校面向应届生进行招聘。学生可塑性高、有干劲，但没有工作经验，需要经过培训，流动性也较大。在媒体上刊登招聘信息也对企业起了一定的宣传作用。但这一渠道招来的人员质量难以保证，比较适合招聘大量基层技术职位的员工。同时招聘效果受到媒体自身的影响较大。通过专业机构寻找人才则是近年来越来越流行的方式。这种机构有两方面的作用：一方面是为企业寻找人才，另一方面是帮助人才找到合适的雇主。一般包括针对中低端人才的职业介绍机构和针对高端人才的猎头公司。这种方式较为便捷，但一般都要支付较高的佣金。内部招聘是面向公司内部员工的招聘，满足要求的员工可以公开竞争空缺的职位。主要包括职位公告、职位技术档案、员工推荐三种。这种方法比较适用于大型企业，一方面可以增加员工流动性，另一方面给了员工晋升和换岗的途径，激励了员工通过自身努力来获得更好的发展，从而提高员工的努力程度和工作满意度。而且内部招聘所需的招聘和培训成本也较低。但是由于没有新角色的加入，对调动企业活力有一定的局限性。人事外包是指将人力资源部门所要行使的职责外包给专业的人事机构。这种形式比较适合没有能力或者没有必要设置全套人力资源人员的公司。这种方式可以帮助公司在一定程度上降低成本，提高效率，使其专注于自己的核心竞争力，不用在人力资源工作上花费较多精力。而且专业的人力资源机构进行资源管理相比自己企业可能更加完备和专业。这种方式的好处还体现在可以根据企业的实际需求，提供专业人事服务，使企业不但可以及时引进先进的人事管理方式，避免政策风险、减少纠纷、提高员工满意度，还有助于大量事务性工作的人力、资金和时间的节省。

6. 员工职业发展平台

创新设计组织具有学习性特征，设计人员更重视自我价值提升，人员在选择组织时，组织的良好职业发展平台往往是人员的主要需求之一。马斯洛需求层次理论将人类需求按由低到高分为生理需求、安全需求、社交需求、尊重需求和自我实现需求等五种。其中，生理需求、安全需求和社交需求属于通过外界环境就可满足的较低级的要求。而尊重需求和自我实现需求则是需要内部条件才能满足的高级需求。不同时期，各种可能同时存在，但总有一种需求最重要、最迫切。各层次的需要相互依赖和重叠，任何一种需要都不会因为更高层次需要的发展而消失。只是对行为影响的程度有所改变。

职业发展平台的建立是组织用来帮助人员获取目前及将来工作所需的技能、知识的一种方法[47, 48]，也是对产品创新设计人员的一种需求的满足。职业发展是组织对企业人力资源进行的知识、能力和技术的发展性培训、教育等活动。当职业符合自己的个人意愿时，在完成职业的要求中熟能生巧，自然而然地也就达到一个更高的境界，设计人员在工作上取得满意的成就，得到别人的尊重与认可，实现高层次的需求，可以提高设计人员的工作积极性，进而使人员与组织的匹配程度大大提高。所以，产品创新设计人员与组织的匹配受组织的员工职业发展平台的直接影响。

7. 员工绩效考核方式

鲍曼将绩效分为两种：任务绩效与周边绩效。任务绩效是指完成某一工作任务所表现出来的工作行为和所取得的工作结果，其主要表现在工作效率、工作数量与质量等方面；周边绩效包括人际因素和意志动机因素，如保持良好的工作关系、坦然面对逆境、主动加班工作等周边绩效可以营造良好的组织氛围，对工作任务的完成有促进和催化作用，有利于人员任务绩效的完成，以及整个团队和组织绩效的提高[49]。

绩效考核应该是一种过程管理，它的最终目的是帮助企业和员工共同成长。只有通过考核，才能发现和改进问题，达到提高绩效的目的。而绩效考核的应用重点在薪酬和绩效的结合上，通常将薪酬分为固定工资和绩效工资，后者是通过绩效体现。除此之外，还应将员工聘用、职务升降、培训发展、劳动薪酬与绩效考核相结合，才能使企业和员工本身都体会到绩效考核带来的益处。

设计人员一般具有较强的自主性和流动性，显然，组织的绩效考核方式会直接影响人员的工作结果，进而影响人员所得。此时，人员的工作满意度便受到其绩效考核方式的影响。同样地，一旦出现人员满意度降低的情况或趋势，产品创新设计人员与组织的匹配程度便会受到威胁。所以，组织的员工绩效考核方式会直接影响产品创新设计人员与组织的匹配。

8. 员工薪酬模式

设计人员自身具有较强的创新能力，在组织中的报酬是体现个人价值、满足个人需求的主要方面。因此，组织在人员招聘过程中，人员薪酬是吸引相关人才的重要因素。而组织提供的薪酬水平同样是设计人员做出岗位或任务申请决定的主要因素。这一供给-需求的平衡是实现产品创新设计组织与人员最佳匹配的基础。另外，在产品创新设计过程中，人员薪酬与实际任务性质及劳动强度是否吻合会直接影响人员的工作满意度[50]。如果工作满意度降低，人员可能出现离职的倾向，这将严重影响产品创新设计人员与组织的匹配程度。岗位价值包括岗位的市场价值和组织价值，决定了岗位薪酬的范畴。设计人员的素质对薪酬的影响主要体现在“同岗不同酬”上，同一岗位的设计人员根据其岗位素质的高低进入的档次不同，薪酬也不一样，从而使组织薪酬体系更具有公平性和激励性[51]。工作绩效决定了设计人员绩效工资的高低。因此，岗位素质模型使设计人员根据不同的素质进入不同的档次，获得不同的薪酬。所以，组织的员工薪酬模式会直接影响产品创新设计人员与组织的匹配。

9. 组织工作模式

组织工作模式决定了如何实现不同主体间的信息交互及资源共享，进而决定了人与组织的匹配方式及工作过程。创新设计人员一般具有较强的流动性、独立性、自主性，以及较高的自我管理和自我监督意识。因此，在产品创新设计过程中，为保证设计任务的顺利进行，创新设计组织的工作模式显得极为重要。

另外，组织工作模式为设计人员的行为进行了规范和约束。当设计人员习惯于当前的组织工作模式时，其工作效率及满意度往往较高；当设计人员对组织工作模式出现不适应症状时，往往会导致工作情绪低落[52, 53]。此时，可以说组织与人员之间出现了不匹配的现象。因此，组织的工作模式会影响产品创新设计人员与组织的匹配。

此外，为了尽量保证因素的完整性，结合相关文献资料[54]，补充影响产品创新设计人员与组织匹配的组织因素——组织的价值观。

2.1.2　设计人员因素

对个人来说，一个适合的职业、适合的组织是实现自身目标的有力保障；对组织来说，合理的人力资源结构是组织有效率地运行、完成组织任务的必要条件。

因此，人与组织相互影响、相辅相成。人与组织相互寻求、相互磨合、相互匹配是现代组织发展的必然。但是，人与人之间不仅在个性上，还在个人职业规划、工作态度、基本技能等方面存在较大差异。现代组织理论认为，人员与组织的匹配不是被动的、静止的，而是一个动态、变化的过程[55]。在这个过程中，为了增强个人与职业或组织的匹配性，人员个体有可能会主动调整自己的职业选择和组织选择，或被动地调整自己的态度或行为，以适应所选择的职业或组织。在选择或调整的过程中，每个人的能力、个性与气质影响着自己的选择，也能很大限度地影响自己的能力、个性与职业和组织的匹配性。也就是说，在组织与个人匹配过程中，个人因素是影响其最佳性的重要方面[56]。其主要体现在以下八点。

1. 智力水平

智力水平是指人们通过观察、思考、判断、记忆、想象等方式对客观事物进行认识和理解，并进一步运用知识、经验及工具等解决问题的能力。也可理解为通过改变自身、改变环境或寻找新的环境去有效地适应环境的能力。人们往往用数字来表示智力的高低和智力发展水平，但是这也有一定的片面性和局限。

产品创新设计组织对人员的智力水平有较高的需求，具备较高智力水平的人员能够给产品创新设计组织带来更强的生命力。智力包括归纳演绎能力、记忆能力、迅速感知能力、空间再现能力等。产品创新设计过程中需要运用已有的概念和理论归纳性地推理，从系统角度分析并把握事物发展趋势，以不断提高组织的创造性。由此可知，设计组织与智力水平较高的设计人员有较强的匹配程度[33]。

2. 兴趣导向

兴趣表示的是一种对事物喜好或者关心的情绪，是想要认识某种事物或从事某项活动的意识倾向。人的兴趣是一种基于对某种事物或某项活动的认识和情感的精神需求。随着认识和情感的深入，就可能发展为兴趣，并随之更加热心于观察，探索这件事物或者从事这项活动。也就是说，兴趣对人的实践活动有着重要的影响意义。

兴趣也分为直接兴趣和间接兴趣。直接兴趣指的是对进行探索或从事活动的过程的关注，如制造模型的过程。而间接兴趣指的是对探索事物或者从事活动的结果的关注，如制造出来模型的效果。直接兴趣与间接兴趣相互联系、相互促进。在培养兴趣的过程中要注意两者的有机结合，既获得过程的乐趣，又有目标的支持，从而让兴趣持久，并更好地发挥人的积极性和创造性。

产品创新设计组织还需要人员具有较高的兴趣导向性[57]。设计人员的兴趣导向性包括好奇心、钻研精神等，能够促进创造性思维的产生，创造性思维则是创新设计组织需要的人员特性。兴趣导向性较强的人员往往能够为产品创新设计注入更多活力，提高组织的设计能力。根据以上分析，兴趣导向性对人员-组织匹配有直接影响[58]。

3. 专业技能

专业技能主要包括专业知识、操作要领、专业技能、手脑并用、练习时间和练习场所等六个要素。第一，锻炼人的能力首先要全面掌握专业知识，这是锻炼专业技能的前提，是指导实践的理论基础。第二，员工要熟练掌握操作要领。操作要领的熟练掌握是组成专业技能的基本要素。掌握操作要领要通过学习和练习来进行，首先看懂讲解，看清示范，从而进行模仿练习，并不断纠错，逐渐进步。第三，全面练习。专业技能的掌握不仅指单项练习，还要能够进行综合练习。各项单项技能要能够有效地配合协作，从而完整地完成整个操作任务。第四，要注意练习与思考的结合。两者相辅相成，用动手来验证思考，用思考来更好地掌握技能。第五，科学选择练习时间。专业技能的掌握要注意科学的练习时间。做到集中练习和分散练习相结合。学习频率的掌握也要根据学习状态的不同来科学地确定。第六，随时随地进行练习。抓住所有能进行练习的机会，将技能训练和生产实践相结合，随时随地注意专业素质的训练。

经济快速发展、就业形势急剧变化及职场竞争激烈使人员的能力与组织要求之间的匹配越来越重要，组织希望能够找到适合组织变革与发展的优秀高技能人才；个人希望能够找到一个理想组织发挥自己所长，满足自己成长发展的需要，实现自己的理想与抱负[59]。人员与组织对对方的要求及愿望是正常的，符合双方的发展需要，但在现实中很难实现，或者很难在短时间内实现，常常出现三种偏差：一是人员能力难以满足组织要求，影响组织的有效运作；二是人员能力超过组织要求，造成人才浪费；三是人员能力符合组织要求，但组织没有匹配合适的工作或职位。这些偏差可能会造成人员的高流动率和组织的低效率。因此，人员需要不断地学习进步，提升自己的能力；组织也需要采取必要的措施和方法(如建立能力素质模型等)确定各个岗位的能力素质要求，配备合适的人到合适的岗位上，做到人岗匹配，实现人员与组织的匹配。技能满足组织的工作需要，直接影响了人员-组织匹配的互补性匹配，因此，专业技能高低对人员-组织匹配有直接影响[39]。

4. 气质性格

气质是一种与生俱来的稳定的心理特征，由神经系统活动过程的特性所决定。而气质的差异也是从小就体现出来的，比如，有人好动，有人好静。气质是每个人身上的色彩，并没有社会价值和道德评价，也没有好坏之分。气质并不能决定一个人的成就，反过来说，任何气质的人都需要靠自身的努力来实现自己的人生价值。而气质在社会中的表现体现在一个人的举止行为、待人接物、言谈交流时所流露出的感觉，是个人魅力的体现。有的人高雅，有的人恬静，有的人则豪放、直爽等。所以，气质的形成是长久内在修养的结果，其影响也是隐形的、长久的。

气质是指个人心理活动的动力特点。不同气质类型适合从事不同的职业或工作，每个人应该根据自己的独特气质类型选择适当的职业或工作，以达到扬长避短、事半功倍的目的。相应地，组织管理者也应该了解人员的气质类型，根据不同的气质类型合理地安排工作岗位，使气质与工作相匹配，以调动人员的积极性，提高工作效率。所以，个人的气质会直接影响产品创新设计人员与组织的匹配。

性格指一个人在生活过程中形成的对现实稳定的态度和与之相应的习惯性的行为方式。人的性格有不同类型：按心理活动的指向性分为外倾型和内倾型[60]；按个性的独立性分为独立型和顺从型。性格影响设计人员的创造性和竞争性，影响设计人员的人际关系，影响设计人员的工作态度与效率，管理者应该充分了解和把握设计人员的性格特点，对其行为进行准确的预测，有利于合理安排和分配工作，提高工作效率。所以，性格会直接影响产品创新设计人员与组织的匹配[61]。根据以上分析，气质和性格是否与组织文化和工作氛围相容，直接决定了人员-组织匹配的一致性匹配程度。

5. 工作态度

态度指的是个体对某个对象所秉持的某种心理倾向，这种代表主观评价的心理倾向可能会导致某种行为的倾向。有心理学家指出："对一份工作的主观评价，在很大程度上决定了工作态度和工作效率。"正是因为态度会影响人们对事物做出积极或者消极的反应，所以，态度是管理心理学中的重要研究内容。

工作态度直接反映一个人对工作的认真程度和工作效果。一个工作态度积极的人在组织中充满激情，散发积极的正能量，这对营造良好的组织氛围具有重要作用；相反，如果员工的工作态度消极，则容易使人带着负面情绪工作，这不利于设计人员工作的完成，同时对组织氛围也会产生负面影响[62]。所以，对组织而言，选择具有积极工作态度的人员对实现其目标具有良好的推动效应；对个人而言，具备积极的工作态度更容易让组织对其产生兴趣。综合上述分析，工作态度是影响产品创新设计人员与组织匹配的因素。

6. 通用能力

任何一种活动都要求从事人员具备相应的能力，按照功能可以划分为认知能力、操作能力和社交能力。认知能力是接收、加工、存储和应用信息的能力；操作能力是在操作技能基础上发展起来的能力；社交能力是在社会交往活动中所表现出来的能力。

组织需要能力强的人员，当一名新员工刚进入企业，面临新的工作环境时，如果他具有较强的能力，会更快地融入组织之中，更好地完成组织交付的工作，并能够较快地适应组织环境，人员与组织一致性匹配程度将大大得到提升。相反，如果人员的能力差，则不利于提高人员与组织一致性匹配的程度。

当组织发生变革时，如战略调整、经营领域改变、技术创新、流程重组等，工作性质、工作内容、工作方法和工作要求也要随之进行调整，人员需要重新适应组织变革和组织发展。在这种情形下，如果人员的环境适应能力差，就有被淘汰的风险。为了适应组织变革和发展，人员就必须不断地调整和改变，提高与组织的匹配程度。根据以上分析可知，设计人员的通用能力对人员-组织匹配有直接影响。

7. 价值观

价值观是指人对事物认识的一种总的看法和取向，是影响一个人进行认知、理解、判断或抉择等一系列活动的原则和标准，具有一定的倾向性。不同的人具有不同的价值观，相反，价值观也能体现人的认知和需求情况。价值观具有主观性、选择性、持久性、稳定性及历史性等特点。

产品创新设计组织还需要人员具有适合设计组织的价值观。适合设计组织的价值观能够指导设计人员形成适合组织发展的价值目标，同时为设计人员判断工作有无价值及价值大小提供评价标准。根据以上分析，人员-组织匹配受价值观的直接影响。

8. 工作经验

经验可以指导并帮助人们解决实际问题，达到某种目的，包括概述、工具/原料、步骤/方法、注意事项、参考资料等，一般含有丰富的图片和简明的文字。

产品的创新设计大多是在现有产品的基础上，利用相关技术对其再配置，达到创新的目的。在这一过程中，设计人员的工作经验往往起到至关重要的作用。一方面，设计人员根据自己在以往相关工作中获得的经验技巧，能够与产品创新设计任务巧妙结合，促进设计任务的完成；另一方面，设计人员也常常受过往工作模式或内容的影响，个人思维受到束缚，当面对新产品开发任务时，无法较好地调整思维习惯，影响设计任务的完成。在产品创新设计过程中，设计人员的工作经验会在一定程度上影响设计任务的进展。因此，对组织而言，在选择人员时，应适当考虑员工的工作经验对匹配的影响。

2.1.3　外部环境因素

外部环境变化对个人和组织都会带来影响。外部环境变化，尤其是劳动力市场的变化，可能使就业岗位和就业机会发生变化，使工作发生变化，使工作流动方向发生变化，使个人与组织的选择意向发生变化[63]。

组织外部环境对设计人员和组织岗位匹配程度的影响主要体现在劳动力市场、政策法规和组织外工作机会这三点。组织的外部环境主要指的是组织存在于某种社会环境中，组织作为开放的系统，会与外部环境进行物质、能量及信息的交换。这种社会环境会对组织的管理有一定的作用。外部环境中社会人口、文化、经济、政治、法律、技术、资源等这些基本社会因素对组织存在有着间接的、长远的影响，一旦这些因素发生巨大改变，对组织造成的影响则会是巨大的，甚至可能导致组织发展的重大变革。这些基本社会因素被称为一般外部环境。除此之外，还有供应商、顾客、竞争者、政府和社会团体等对组织影响更为直接和迅速的社会因素，被称为特定外部环境。外部环境不会轻易为组织本身所改变，而因为组织是依赖这些外部因素存在的，所以其变动的影响又往往是巨大的，甚至会涉及组织结构的变动。所以，对外部环境进行分析，准确地把握外部机会，认识并回避外部风险对企业稳定健康发展有着重要意义。

1. 劳动力市场

人员与组织的匹配问题需要放在劳动力市场大格局之下分析。劳动力市场状况会影响人员和组织在选择对方时的主动权，会影响彼此对不匹配状态的处理，进而影响到人员-组织匹配的程度。如果劳动力市场供不应求，人才稀缺，人员与组织即使不匹配或不充分匹配，对人员来说影响不大，因为人员拥有选择在什么单位就职的主动权[64]。相反，如果劳动力市场供过于求，组织拥有选择什么人员的主动权，可能会寻求真正符合组织要求的、与组织匹配程度比较高的人员，剔除或减少与组织匹配程度不高的人员，以提高人员与组织的匹配程度。因此，劳动力市场的供求状况对人员-组织匹配有重要影响。

2. 政策法规

劳动法律法规对劳动合同期限、工作内容和工作地点、工作时间和休息休假、劳动报酬、社会保险、劳动保护等方面有明文规定，这些内容对人员-组织互补性匹配的资源-机会匹配有直接影响[65]。例如，具有严格保密背景的组织一般会对进入组织的人员条件(如政治面貌等)进行法律性的硬性规定，如果员工不具备相关条件，便无法被组织选中；由于不同国家区域的政策法规不同，组织的管理要因地制宜，了解并适应所在地的政策法规。因此，政策法规对人员-组织匹配有重要影响。

3. 组织外工作机会

在进行第一次职业选择时，不是所有人都能选择到自己向往的职业，也很难选择到适合自己的职业。因此，在第一次选择组织时，人员也难以在第一时间选到适合自己特征和要求的组织，获得心仪的岗位。至于何种职业及何类组织才适合自己，每个人都在不断地寻找和摸索[66]。由于组织外部的职业选择和组织选择的范围很广，机会很多。这种寻找和摸索不仅存在于组织内部，也存在于组织外部，因为只有找到与个体特征相匹配的职业和组织环境，个人才有更强的生存能力和更大的发展空间。对个体来说，一旦找到更适合自己的职业或组织，人员个体就会面临抉择，是留在组织还是离开组织。如果继续留在组织，个体可能与职业和组织都不匹配；可能与职业匹配，而与组织不匹配；可能与组织匹配而与职业不匹配。因此，组织外工作机会的多少对人员-组织匹配有重要影响。

2.1.4　匹配影响因素

产品创新设计人员与组织特征是匹配影响因素分析的基础，主要表现在以下四个方面。

产品创新设计特性包括系统性、协同性、新颖性、技术性和高价值性。其中，系统性在设计组织因素层面上需要设计组织内各个部门之间有密切的配合关系，这对设计组织文化融洽性、组织目标一致性、组织工作模式合理性等都提出了较高的要求；在设计人员因素层面，系统性对通用能力与专业技能提出了相应要求；在外部环境因素层面上，系统性对劳动力市场、政策法规等经济政治环境也提出了相应的要求。协同性在设计组织因素层面上需要设计组织为设计人员提供融洽的组织文化和合理的组织工作模式等；在设计人员因素层面上需要设计人员具备较好的工作态度、专业技能，以及乐于与他人合作的气质性格等，以便设计人员能够共同完成创新设计目标。新颖性在设计组织因素层面上需要设计组织为设计人员提供良好的组织创新环境、合理的组织工作模式、较高的产品设计技能要求等；在设计人员因素层面上需要设计人员具备较高的智力水平和专业技能等。技术性和高价值性在设计组织因素层面上都不同程度地需要设计组织提出明确的产品设计技能要求和组织目标等；在设计人员因素层面上需要设计人员具备较高的专业技能和积极主动挖掘客户需求的兴趣导向性等。产品创新设计特性与匹配影响因素间的对应关系如图 2.3 所示。

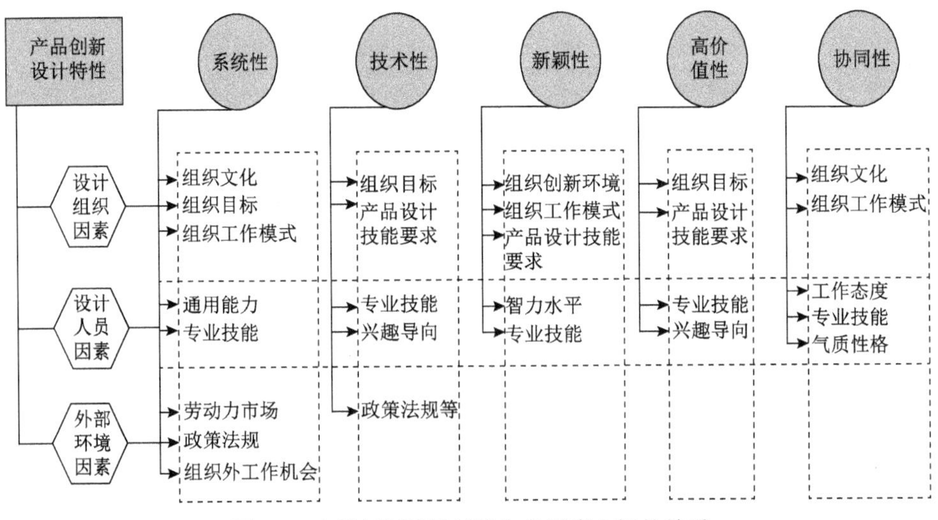

图 2.3　产品创新设计特性与各因素之间的关系

产品创新设计组织特性包括开放性、学习性、创新性和动态性。其中，开放性在设计组织因素层面上需要设计组织在组织文化、组织工作模式、组织创新环境等方面都表现出一定的开放性；在设计人员因素层面上需要设计人员在气质性格、价值观、工作态度等方面具备一定的开放性。学习性在设计组织因素层面上需要设计组织在组织文化、组织工作模式等方面创造出浓厚的学习氛围和科学的学习机制；在设计人员因素层面上需要设计人员具备良好的智力水平、一定的快速学习能力、浓厚的兴趣导向等。创新性在设计组织因素层面上需要设计组织营造出鼓励创新精神的文化和环境，以便促使设计人员更好地发掘问题、产生与评估想法，并针对这些想法提出具体行动方案；在设计人员因素层面上需要设计人员具备较高的智力水平、专业技能及兴趣导向。在外部环境因素层面上需要企业关注并科学分析变化的政策法规、劳动力市场等方面信息。

产品创新设计人员特性包括重视自我提升、创造能力很强、独立自主性较强、自我管理和监督意识较强、流动性较强。其中，重视自我提升特性在设计组织因素层面上需要设计组织为设计人员提供宽广的职业发展平台、有挑战性的绩效考核方式和创新的组织工作环境等；在设计人员因素层面需要设计人员提高智力水平、专业技能和通用能力，并不断完善个人价值观等。创造能力很强特性在设计组织因素层面上需要设计组织为设计人员提供鼓励创新的企业文化、有创造性的组织工作模式和组织创新环境；在设计人员因素层面需要设计人员不断提高智力水平、端正工作态度，以及增加对设计工作的兴趣导向。独立自主性较强特性在设计组织因素层面上需要设计组织尽量为设计人员提供可信任的企业文化、有创造性的组织工作模式和组织创新环境；在设计人员因素层面需要设计人员在提高专业技能的同时，也要不断完善个人的气质性格和价值观等。自我管理和监督意识较强特性强调设计组织为设计人员提供科学的绩效考核方法，以便对设计人员进行更好的自我监督。流动性较强特性强调设计组织为设计人员提供学习型的企业文化、有创造性的组织工作模式和组织创新环境等，通过设计人员对专业的忠诚度留住人才。

产品创新设计人员与组织匹配特性包括动态性、多层次性和客观性。其中，动态性在设计组织因素层面上需要设计组织根据组织发展战略与组织文化的变化对原本符合该组织要求的设计人员提出新要求；在设计人员因素层面上需要设计人员根据现有的工作经验、专业技能等重新选择适合自身的组织。多层次性在设计组织因素层面上需要设计组织提出有层次性的组织目标、组织技能需求等，以便选择到合适的设计人员；在设计人员因素层面上需要设计人员分层次地评价组织的工作环境和界定组织的职责，进而选择合适的设计组织。客观性在设计组织因素层面上需要设计组织明确选择、培训、开发人员及制定薪酬体系的标准和依据，采用科学客观的手段和程序管理设计人员；在设计人员因素层面上需要设计人员客观分析设计组织的作用、职责、任务，以及岗位对人员素质、能力等方面的要求。

在产品创新设计人员与组织匹配特征分析的基础上，从设计人员、设计组织与外部环境等三个方面对相关影响因素展开深入分析。

2.2 设计人员与组织匹配关键影响因素识别模型

我们可以发现产品创新设计人员与组织匹配的影响因素众多。在组织与人员的匹配过程中，会由于因素多而实施效率低下。因此，我们需要通过在众多影响因素之中进一步挖掘关键因素，进而使组织更有针对性地与人员进行匹配，以提高匹配效率。为了挖掘关键因素，必须构建出合理的关键影响因素识别模型。因此，本节提出基于改进的模糊聚类分析方法(improved fuzzy cluster analysis，IFCA)的设计组织与设计人员匹配关键影响因素识别方法。

2.2.1 匹配影响因素识别指标体系

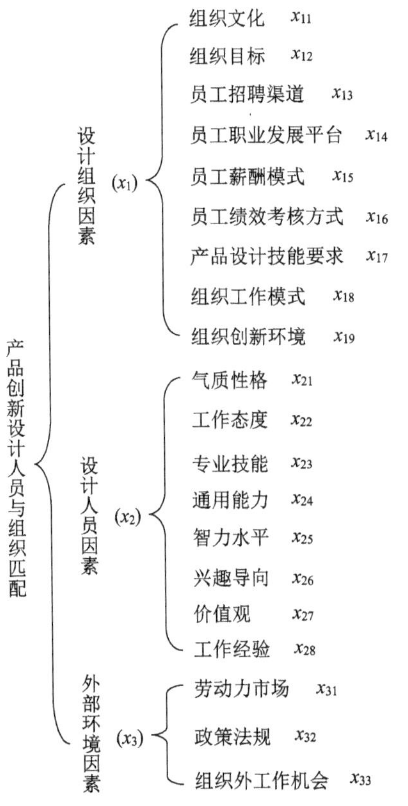

图 2.4 产品创新设计人员与组织匹配度影响因素识别评价指标体系

通过产品创新设计人员与组织匹配的设计组织因素、设计人员因素及外部环境因素构建匹配影响因素识别指标体系。在匹配过程中，这些因素便可作为评价设计人员与组织匹配程度的评价指标体系，如图 2.4 所示。然而，在实际中，并非所有因素对人员与组织匹配形成都有重要影响，一般情况下，只需对其中关键因素加以分析便可得到设计组织与人员的匹配程度。因此，如何识别产品创新设计人员与组织匹配的关键影响因素成为必须解决的问题。

2.2.2 匹配关键影响因素识别

由图 2.4 可以看出，产品创新设计人员与组织匹配影响因素较多，这使得企业对组织与人员匹配工作变得烦琐，因此，需要通过某种方法对众多影响因素进行排序，找出关键影响因素，以便企业有针对性地对组织进行人员匹配，提高企业产品创新设计人员与组织匹配的科学性及工作效率。

在对影响人员与组织匹配的设计人员与

组织关键因素分析过程中，关键影响因素的筛选可通过计算各因素对总体效果的影响权重实现。权重就是定量分配被评对象不同侧面的重要程度，区别对待各评价因素在总评价中所起的作用。通常，权重确定的分析方法有德尔菲(Delphi)法、层次分析法(analytic hierarchy process，AHP)、网络分析法(analytic network process，ANP)、距离分析法(distance analysis method)、灰色关联分析法、模糊聚类分析法(fuzzy cluster analysis，FCA)等。

1. 德尔菲法

德尔菲法依据若干名专家的知识、经验、智慧、信息和价值观，对已拟出评估指标进行分析、判断和权衡，并对其赋予相应的权值[67]。这一般要经过多轮的匿名调查，通过反复征询和反馈，最终形成《指标体系权重专家调查表》。在专家意见趋于一致的基础上，首先由评价负责人员对专家意见进行数据收集和处理，接着检验专家意见的集中程度、协调程度和离散程度，在达到了要求之后，就获得各个因素的初始权重向量，然后对初始权重向量进行归一化处理，最后可获得各个分析因素的权重向量[68]。德尔菲法具有以下特点[69]。

(1)匿名性。这是德尔菲法重要的特性。所有专家在匿名的情况下，通过评价负责人员进行交流，避免专家成员见面交流可能存在的权威意见的影响。

(2)回馈性。负责人员收集和处理专家意见，并将意见结果反馈给各位专家，让其重新给出自己的意见，经过3～4轮匿名调查及反复征询和反馈，最终得到能基本代表专家意见的结果。

(3)统计性。统计结果将包括每种观点，包括小组中不同意见，较好地反映了所有的观点。

德尔菲法中，组织者和专家都有着各自的责任。德尔菲法的调查表体现了这一点，被调查的专家要回答所提出的问题，组织者也要向专家提供信息，反馈其他专家的意见。通过这样的工具，专家之间得以进行交流。德尔菲法的实施主要分为以下四步。

第一，提出预测问题，进行首轮调研。组织者对专家进行开放式的调查。只提出问题，不加限制条件，以期在首轮调查获得最全面的信息，避免限制过多而错过重要信息。收集调查表之后组织者进行汇总整理，筛选排除。最后用专业的准确术语总结专家意见的统计结果，并将结果反馈给各专家，开始第二轮调研。

第二，组织评价，进行第二轮调研。组织专家对第一轮调研中总结的意见结果进行评价。比如，说明预测事件推迟或提前的理由。之后由组织者汇总整理后得出包括预测事件本身、事件发生的中位数、上下四分点及事件发生时间在四分点外侧的理由。

第三，对结果进行重审，进行第三轮调研。这一步主要是对争论意见和少数意见进行重新讨论。对上下四分点外的不同意见进行评价，并给出自己的理由。

如果改变自己的意见也要叙述改变理由。之后组织者回收调查表，统计争论意见的中位数和上下四分点。最后总结信息，形成反映争论意见的第四张调查表。

第四，对结果进行复核，进行第四轮调研。具体内容根据实际情况和组织者要求进行。最后统一专家意见。

根据实际情况，运用德尔菲法进行预测并不是都要经过四步。有的预测在前几步专家意见就能达到统一。有的四步之后仍不能达到统一，这时，可以通过中位数和上下四分点来总结结论。

德尔菲法能够充分地利用专家的资源，通过多位专家的经验和学识得到较为权威的意见。而其匿名性也使各位专家能够独立地做出自己的判断，不受其他权威的影响，从而保证了结论的可靠性。而最终结论是专家意见经过多轮反馈整理后逐渐趋同形成的，具有一定的统一性。德尔菲法由于具有以上特征，所以成为一种有效的判断预测方法[70]。但该方法需要问卷的反复填写和总结，专家的共识才能得出来，这一过程中需要的管理技术较高，所以存在着过程复杂、花费时间较长等不足。

2. 层次分析法

层次分析法是一种建立在系统理论基础上的定性与定量相结合的权重确定方法，对于定性因素较多的多层次复杂系统具有较好的适用性。层次分析法的基本思想是：按照实际问题的决策要求建立一个描述系统功能或特征的递阶层次结构，通过两两比较的方式确定评价因素的相对重要性，形成同一层中的各个元素对上一层中某一准则的判断矩阵，从而可求出相关因素对上层某准则的相对重要序列[71]。

层次分析法有以下特点。

(1) 层次分析法综合考虑了各种因素对结果的影响。通过对每一层次进行权重设置，使每个层次中的因素都量化地作用于结果，而且更加明确和清晰。层次分析法将研究对象按照分解、比较、判断及综合的方式进行分析并决策，适用于无结构特性、多目标、多准则和多时期的系统评价[72]。

(2) 层次分析法的原理简明，运算简单，结果明确。层次分析法将定性和定量方法相结合，将多目标、多准则并且难以量化处理的系统分解转化为多层次单目标问题，便于人们接受。

(3) 层次分析法对定性的分析和判断更加注重。层次分析法是通过对问题本质要素的相对重要性进行评价，模拟了人们大脑的决策过程，更加贴近实际[73]。

层次分析法也存在以下缺点。

(1) 没有提供新方案。层次分析法是在原有方案中选择最好的，但若是可选的方案均不能满足决策者需求，层次分析法并不能提出改进的方案。

(2) 缺少科学的论证和定量数据。层次分析法是通过对相对重要性进行评价的方法来确定结果。而定性的分析较为缺乏严格的科学论证和定量方法，对结果的认可度也因此受到影响[74]。

(3)指标过多，权重难以确定。为了使层次分析法解决的问题更加具有普遍性，往往会选择更多的指标对目标系统进行评价。但是随着指标的增加，指标之间的相互关系就更加的复杂，而判断矩阵也会层次更深、更多、更复杂[75]。对每两个指标之间的重要程度的判断可能就出现困难，甚至会对层次单排序和总排序的一致性产生影响，使一致性检验不能通过。也就是说，由于客观事物的复杂性或对事物认识的片面性，通过所构造的判断矩阵求出的特征向量(权值)不一定是合理的。一致性检验不能通过，就需要调整指标，在指标数量多的时候这个过程是很痛苦的，因为根据人的思维定式，你觉得这个指标应该是比那个重要，那么就比较难调整，同时，也不容易发现指标的相对重要性的取值里到底是哪个有问题，哪个没问题。这就可能花了很多时间，仍然不能通过一致性检验，而更糟糕的是根本不知道哪里出现了问题[76]。也就是说，层次分析法里面没有办法指出我们的判断矩阵里哪个元素出了问题[77]。

(4)在求判断矩阵的特征值和特征向量时，所用的方法和我们多元统计所用的方法是一样的。在二阶、三阶的时候，我们还比较容易处理，但随着指标的增加，阶数也随之增加，在计算上也变得越来越困难。不过幸运的是这个缺点比较好解决，我们有三种比较常用的近似计算方法[78]。第一种是和法，第二种是幂法，还有一种常用方法是根法。

层次分析法实施步骤如下。

第一，构造判断矩阵。层次分析法的一个重要特点就是用两两重要性程度之比的形式表示出两个方案的相应重要性程度等级。例如，对某一准则，对其下的各方案进行两两对比，并按其重要性程度评定等级，记为两个因素的重要性之比。表 2.1 列出了 Saaty 给出的 9 个重要性等级及其赋值[79]，按两两比较结果构成的矩阵称为判断矩阵[80]。

表 2.1　比例标度表

因素比因素	量化值
同等重要	1
稍微重要	3
较强重要	5
强烈重要	7
极端重要	9
两相邻判断的中间值	2，4，6，8

第二，计算权重向量。方法有几何平均法、算数平均法、特征向量法和最小二乘法[81]。

(1)几何平均法。计算步骤：①A 的元素按行相乘得一新向量；②将新向量的每个分量开 n 次方；③将所得向量归一化为权重向量。

$$W_i = \frac{\left(\prod_{j=1}^{n} a_{ij}\right)^{\frac{1}{n}}}{\sum_{i=1}^{n}\left(\prod_{j=1}^{n} a_{ij}\right)^{\frac{1}{n}}},\quad i=1,2,3,\cdots,n \tag{2.1}$$

(2)算术平均法。判断矩阵 A 中的每一列近似地反映了权值的分配情形，可采用全部列向量的算术平均值估计权向量，即

$$W_i = \frac{1}{n}\sum_{j=1}^{n}\frac{a_{ij}}{\sum_{k=1}^{n} a_{kj}},\quad i=1,2,3,\cdots,n \tag{2.2}$$

计算步骤：①$\sum_{k=1}^{n} a_{kj}$ 的元素按列归一化，即求 a_{ij}；②将归一化后的各列相加；③将相加后的向量除以 n 即得到权重向量。

(3)特征向量法。将权重向量 W 右乘权重比矩阵 A，有

$$AW = \lambda_{\max} W \tag{2.3}$$

同上，$\lambda_{\max}$ 为判断矩阵的最大特征值，存在且唯一，W 的分量均为正分量。最后，将求得的权重向量做归一化处理即为所求。

(4)最小二乘法。用拟合方法确定权重向量，使残差平方和为最小，即求解如下模型：

$$\begin{gathered}\min Z = \sum_{i=1}^{n}\sum_{j=1}^{n}\left(a_{ij}w_{ij} - w_i\right)^2 \\ \text{s.t.} \sum_{i=1}^{n} w_i = 1 \\ i=1,2,3,\cdots,n\end{gathered} \tag{2.4}$$

第三，进行一致性检验。当判断矩阵的阶数大于 1 时，通常难以构造出满足一致性的矩阵。但判断矩阵偏离一致性条件又应有一个度，为此，必须对判断矩阵是否可接受进行鉴别，这就是一致性检验的内涵[82]。

应用上面的定理，可以根据是否成立来检验矩阵的一致性。一致性指标定义

如下。

(1)CI 越小，说明一致性越大。考虑到一致性的偏离可能是由随机原因造成的，在检验判断矩阵是否具有满意的一致性时，还需将 CI 和平均随机一致性指标 RI 进行比较[83]，得出检验系数 CR，即 CR=CI/RI。

(2)如果 CR<0.1，则认为该判断矩阵通过一致性检验，否则就不具有满意一致性[84]。

其中，随机一致性指标 RI 和判断矩阵的阶数有关，一般情况下，矩阵阶数越大，则出现一致性随机偏离的可能性也越大[85]。可见，层次分析法不仅原理简单，而且具有扎实的理论基础，是定量与定性方法相结合的优秀决策方法，特别是定性因素起主导作用的决策问题[86, 87]。

因此，层次分析法对于多因素、多标准的综合评价相当有效。但也存在一定的缺陷：该方法在权重确定过程中需要有专家系统的支持；对于模糊性信息的处理较弱；当评价指标过多、数据统计量很大时评价过程效率较低；其特征值和特征向量的精确求法也比较复杂；进行多层比较时，需要进行一致性比较，如果不满足一致性指标，则层次分析法就失去了作用[88]。

3. 网络分析法

网络分析法是 Saaty 教授于 1996 年提出的一种理论方法。它是将层次分析法中的层次(hierarchy)用网络(network)来代替得到的。层次分析法与网络分析法在结构上的差异在于一个具有层次结构性，一个具有非线性网络性。层次分析法在层与层之间决策时采用单向的层次关系，而网络分析法则充分考虑了层与层之间的相关关系。网络分析法通过捉对比较来确定元素间的大小，但是它不是一种像层次分析法一样的强制且严格的层次结构，而是使用反馈系统方法构建决策问题模型。系统的组成部分用网络的节点来表示，节点间的相互作用用弧来表示。相互间的依赖关系代表弧的方向，其中一组元素内部间的相互依赖关系用环来表示，由此可知，层次关系只是网络的简化和特例。在进行匹配的过程中，首先要对某些特定要素进行特定分解和转换，并对相互依赖关系的要素重要度进行计算与决策。

4. 距离分析法

距离分析法的核心思想是以最优样本(也称理想样本)和最劣样本(也称负理想样本)为参考样本，通过计算每个样本与两个参考样本之间的距离，根据距离判断可得，距离最优样本点越近，距离最劣样本越远的样本为总体较好的样本。该方法以样本点到最优样本点的相对接近度赋权，具有主观因素不影响制约相对接近度权重，而完全由已知数据信息决定的特点。

距离分析法的主要缺点：将样本的不同属性(即各指标或各变量)之间的差别等同看待，这造成了结果不能满足实际要求且夸大了变化微小的变量。

5. 灰色关联分析法

对于两个系统之间的因素，其随时间或不同对象而变化的关联性大小的量度，称为关联度。在系统发展过程中，若两个因素变化的趋势具有一致性，即同步变化程度较高，即可谓二者关联程度较高；反之，则较低。因此，灰色关联分析方法是根据因素之间发展趋势的相似或相异程度，亦即“灰色关联度”，衡量因素间关联程度的一种方法[89]。

(1) 确定反映系统行为特征的参考数列和影响系统行为的比较数列，反映系统行为特征的数据序列，称为参考数列。影响系统行为的因素组成的数据序列，称比较数列[90]。

(2) 对参考数列和比较数列进行无量纲化处理，由于系统中各因素的物理意义不同，则数据的量纲也不一定相同，不便于比较，或在比较时难以得到正确的结论。因此，在进行灰色关联度分析时，一般都要进行无量纲化的数据处理[91, 92]。

(3) 求参考数列与比较数列的灰色关联系数 $\xi(X_i)$ [93]。

(4) 所谓关联程度，实质上是曲线间几何形状的差别程度，因此曲线间的差值大小可作为关联程度的衡量尺度。对于一个参考数列 X_0，有若干个比较数列 X_1, $X_2,\cdots$, X_n，各比较数列与参考数列在各个时刻(即曲线中的各点)的关联系数记为 $\xi(X_i)$ [90]。

(5) 求关联度。因为关联系数是比较数列与参考数列在各个时刻(即曲线中的各点)的关联程度值，所以它的数不止一个，而信息过于分散不便于进行整体性比较。因此，有必要将各个时刻(即曲线中的各点)的关联系数集中为一个值，即求其平均值，作为比较数列与参考数列间关联程度的数量表示[94]。

(6) 关联度排序，因素间的关联程度主要是用关联度的大小次序描述，而不仅是关联度的大小。将 m 个子序列对同一母序列的关联度按大小顺序排列起来，便组成了关联序，记为$\{x\}$，它反映了对于母序列来说各子序列的“优劣”关系[95, 96]。若 $r_{0i}>r_{0j}$，则称$\{x_i\}$对于同一母序列$\{x_0\}$优于$\{x_j\}$，记为$\{x_i\}>\{x_j\}$；r_{0i}表示第 i 个子序列对母数列特征值。

为了确定影响系统的主导因素，需对系统内部各要素的关联度大小进行分析，指标的关联度越大，待识别对象对研究对象的影响越大。该方法从空间理论的数学理论基础出发，根据灰色关联四公理原则，即规范性、偶对称性、整体性和接近性确定待识别对象参考序列和研究对象若干个比较数列之间的关联系数及关联度。灰色系统关联分析的目的就是确定系统中各因素间的主要关系，找出对目标值影响最大的因素，从而明确系统的结构特征，为促进和引导系统高效快速地发展提供信息支撑[97]。该分析方法的实质是对关联度的分析，首先计算各个方案满足最佳指标组成的理想方案的关联系数，由关联系数得到关联度，通过进行关联度排序、关联度分析得出结论。这种方法较经典的精确数学方法更优，因为其把定性的意图、观点和要求转变成了定量的概念和模型，将灰色系统难以明确的结构、模型、关系逐渐由黑变白，因素之间的关系逐渐明晰[98]。据统计，该方法已经在水文学、地学、数据聚类[99]、数据预处理[100]、矿产元素分析[101]、石油天然气勘查[102]等方面得到广泛应用。

此方法的优点是核心思想清晰，在很大程度上降低了信息不对称导致的损失，而且要求的数据量较少，而其主要不足之处是需要确定各项指标的最优值，受主观影响较大，而且存在难以确定部分评价指标最优值的情况。

6. 模糊聚类分析法

模糊聚类分析法主要应用于对模糊性事物进行处理，是数理统计多元分析的主要内容之一，且得到广泛应用。该方法依据事物间的不同特点，不同样本之间的亲疏度、相似度，对模糊样本中的多种特征因素进行分类处理。聚类分析方法一般可分为以下类型[103]：谱系聚类方法、基于等价关系的聚类方法、基于图论的聚类方法和基于目标函数的聚类方法。

应用模糊聚类分析方法的步骤如下[104]。

首先，建立论域。将产品创新设计中影响设计人员与组织匹配的各种影响因素组成集合，即论域 $U=\{u_1, u_2,\cdots,u_i,\cdots,u_m\}$,其中 u_i 用一组评分数据来表征，表示为 $u_i=\{x_{i1},x_{i2},\cdots,x_{ij},\cdots,x_{in}\}$。

其次，进行影响因素评分与归一化。根据规定的评分标准对各种影响因素的重要程度进行模糊打分，形成影响因素评分矩阵 $X_{ij}=[x_{ij}]_{m\times n}$。在此基础上，对评分矩阵进行数据归一化处理，以计算相关程度系数，建立论域 U 上的模糊相似关系矩阵 R。

再次，对 R 进行布尔乘传递闭包运算。为了使模糊相似关系矩阵 $R=(r_{ij})_{m\times m}$ 满足进行模糊聚类分析的条件，解决其只满足自反性和对称性而不满足传递性的问题，将对 R 进行布尔乘传递闭包运算，直至 $R^k=R^{2k}$ $(k=2,4,8,\cdots,2^n)$。取 $R^*=R^k$ 为模糊等价关系矩阵，模糊等价关系矩阵 R^*同时满足自反性、对称性和传递性。

最后，影响因素聚类与排序。求模糊等价关系矩阵 R^*在不同阈值 λ 下的截矩阵，通过 λ—截矩阵分析诸影响因素的相似程度，根据相似程度将各影响因素进行聚类。一般情况下，分类随着 λ 由大到小逐渐下降而由细变粗，形成一个动态聚类分析图景，通过此聚类分析图，选定合适的 λ 值，就可实现对分类对象的主次排序，最终实现了对各个影响因素的重要程度评价，进而识别出影响设计人员与组织匹配的关键因素。

模糊聚类分析法的优点是能够有效地将模糊的问题转化成确定性的问题，且其结果清晰、系统性强，适用于各种难以量化的非确定性问题。由于各个影响因素具有一定的模糊性，且各因素对设计人员与组织匹配的影响也具有一定的模糊性，在对产品创新设计人员与组织匹配影响因素进行分析过程中，模糊性是主要的关键特征。模糊聚类分析法不仅思路简单明了、应用范围较广，且可以将各对象间模糊的复杂关系转化为确定性问题，并利用非线性规划理论进行求解优化，易于计算机实现，其收敛速度和精度效果也较佳。因此，本书采用基于图论的聚类分析方法来实现对产品创新设计人员与组织匹配关键影响因素的识别，更能客观地反映各影响因素对于设计人员与组织匹配的重要性。

在匹配过程中，传统的模糊聚类分析法中的模糊相似矩阵仅仅满足自反性和对称性，而不满足传递性，而匹配过程存在数据的传递交叉，不便于进行分类，因此，必须在模糊相似矩阵的基础上生成一个模糊等价矩阵。本书运用图论的方法简化不同因素之间的权重计算过程，基于此构建传递闭包，将模糊相似矩阵改造为模糊等价矩阵。这样，通过改进传递闭包的求解过程提出改进的模糊聚类分析方法，以此实现对关键影响因素的识别。

应用模糊聚类分析方法对影响人员与组织匹配的因素集进行模糊聚类分析的步骤如下。

(1) 建立人员与组织匹配影响因素集，并利用专家评分法对各影响因素进行评分。专家 S_i 根据评价等级对因素 X_k 进行评价，评价等级权重 W_i 分值为{1,3,5,7}，然后针对每个影响因素，将选择同一评价等级的专家人数进行累加｜$S_i \to W_i$｜，因素评分向量 $X_k=(x_{k1},x_{k2},\cdots,x_{km})$，$m=1,2,3,4$。得到评分矩阵 $X=[x_{ij}]_{m\times n}$。

评分等级：{不重要，略重要，重要，非常重要}={1,3,5,7}。

$$x_{im}=\frac{\sum\left|S_i \leftrightarrow W_i\right|}{\sum_{i=1}^{s}S_i} \tag{2.5}$$

其中，s 为专家人数。

(2) 对评分矩阵 X 的第 k 列采用极差法进行规格化处理：

$$x'_{ik}=\frac{x_{ik}-\overline{x}_k}{S_k} \tag{2.6}$$

其中，$\overline{x}_k=\frac{1}{n}\sum_{i=1}^{n}x_{ik}$，$S_k=\sqrt{\frac{1}{n}\sum_{i=1}^{n}(x_{ik}-\overline{x}_k)^2}$（$i=1,2,\cdots,n$；$k=1,2,\cdots,m$）。

为便于计算，使规格化处理后的数据 $x'_{ik}\in[0,1]$，采用极值标准差公式，对规格化处理后的数据进行数据标准化处理，x''_{ik} 形成标准化矩阵 X'：

$$x''_{ik}=\frac{x'_{ik}-\min\limits_{1\leqslant i\leqslant n}\{x'_{ik}\}}{\max\limits_{1\leqslant i\leqslant n}\{x'_{ik}\}-\min\limits_{1\leqslant i\leqslant n}\{x'_{ik}\}} \tag{2.7}$$

所以

$$X' = \begin{bmatrix} x''_{11} & x''_{12} & \cdots & x''_{1m} \\ x''_{21} & x''_{22} & \cdots & x''_{2m} \\ \vdots & \vdots & & \vdots \\ x''_{m1} & x''_{m2} & \cdots & x''_{mm} \end{bmatrix}$$

(3) 计算模糊相似矩阵 R_s。依据标准化矩阵 X'，对 $U=[X'_1,X'_2,\cdots,X'_n]^{\mathrm{T}}$，$X'_k=(X''_{k1},X''_{k2},\cdots,X''_{km})$ 求解 X'_i 与 X'_j 的相似程度 $r_{ij}=R(X'_i,X'_j)$，本书采用相似系数法中的夹角余弦法计算各因素间的相关系数 r_{ij}，建立模糊相似矩阵 $R_s=[r_{ij}]_{n\times m}$。

$$r_{ij}=\frac{\sum_{k=1}^{m} x_{ik}\times x_{jk}}{\sqrt{\sum_{k=1}^{m} x_{ik}^2}\times\sqrt{\sum_{k=1}^{m} x_{jk}^2}} \tag{2.8}$$

(4) 计算模糊等价矩阵 R_s^*。模糊相似矩阵仅仅满足自反性和对称性，而不满足传递性，为了进行分类，必须在模糊相似矩阵的基础上生成一个模糊等价矩阵。

基于传递闭包的模糊等价矩阵构建方法是模糊聚类分析中研究的热点问题[52]。当前，相关研究大多从矩阵转换的角度展开，通过矩阵的数学运算方式得到模糊等价矩阵。这类方法是一种试探性的方法，具有一定的盲目性，对于复杂问题难以快速找到合理的传递闭包。鉴于此，本书基于图论的方法，通过节点之间边的取大或取小构建传递闭包构造算法，将模糊相似矩阵 R_s 改造为模糊等价矩阵 R_s^*。

模糊相似矩阵的传递闭包构造算法如下。

步骤 1：求解任意两个样本的相似度 $r_{ij}=R(X'_i,X'_j)$，构建模糊相似矩阵 R_s。

$$r_{ij}=\begin{cases} 1, & i=j \\ R(X'_i,X'_j), & i\neq j \end{cases} \tag{2.9}$$

步骤 2：选取模糊相似矩阵 R_s 的上三角或下三角矩阵，并把其中的数据 r_{ij} 按照从小到大进行排列，并记下数据所在的行数和列数，形成表格。

步骤 3：生成只有节点没有边的无向图 G，每一个节点对应 U 中的每一个个体(因素)。

步骤 4：按照表格数据依次在图 G 上连接相应的节点，并标上权重，即相似度 r_{ij}。如果一条边加到图 G 后，图 G 出现回路，就不加入该边。直到所有个体均被连接为止。

步骤 5：建立模糊等价矩阵 R_s^*：

$$r_{ij}^*=\begin{cases} 1, & i=j \\ i\xrightarrow{\min\{r_{ij}\}} j, & i\neq j \end{cases} \tag{2.10}$$

(5)确定最佳阈值λ。计算矩阵R_s^*在不同λ阈值下的截矩阵R_λ^*，且各因素在不同λ阈值下进行聚类，形成动态聚类图。为了确定最佳阈值λ以便得到众多影响因素的最佳聚类，本书通过F检验法来确定最佳阈值λ。

设$X=(x_1,x_2,x_3,\cdots,x_n)$为因素集，每个因素$x_i$又有 m 个不同评价标准，即$x_i=\{x_{i1},x_{i2},x_{i3},\cdots,x_{im}\}$，通过上述(1)～(4)步骤的计算，可以得到模糊等价矩阵。

令$\overline{x}=(\overline{x}_1,\overline{x}_2,\overline{x}_3,\cdots,\overline{x}_n)$，$\overline{x}$为总体集合的中心向量。其中，$\overline{x}=\frac{1}{n}\sum_{i=1}^{n}x_{ik}$ $k=1,2,3,\cdots,m$。

设对应阈值λ的分类数为t，分类中第j类因素集中因素数目为n_j，第j类记为$x_1^j,x_2^j,x_3^j,\cdots,x_n^j$，第$j$类的聚类中心向量为$(\overline{x}_1^j,\overline{x}_2^j,\overline{x}_3^j,\cdots,\overline{x}_n^j)$，其中$\overline{x}_k^j$为第$k$个评价标准的平均值，$\overline{x}_k^j=\frac{1}{n}\sum_{i=1}^{n_j}x_{ik}^j$，$k=1,2,3,\cdots,m$，则$F$统计量为

$$F=\frac{\sum_{j=1}^{t}n_j\|\overline{x}^j-\overline{x}\|^2/(t-1)}{\sum_{j=1}^{t}\sum_{i=1}^{n_j}\|\overline{x}^j-\overline{x}\|^2/(n-t)} \tag{2.11}$$

其中，$\sqrt{\sum_{j=1}^{t}(\overline{x}_i^j-\overline{x}_k)^2}=\|\overline{x}^j-\overline{x}\|$为$\overline{x}^j$到$\overline{x}$的距离。

F统计量是服从自由度为$F(t-1,\ n-t)$的分布，分母表示分类中因素之间的距离，分子表示类与类之间的距离，从以上公式可以看出，分子值越大，分母值越小，则F统计量值越大，说明分类之间差异较大，分类结果比较好。

因此，根据不同λ阈值的分类结果，利用F统计量检验方法计算F值，其中最大F值所对应的λ阈值为最优λ阈值。通过对阈值的调节，该关键因素识别模型可以应用于不同的研究对象。

2.3 案例应用

通过以上研究，我们得出了产品创新设计人员与组织匹配关键影响因素的识别模型。但该模型在实际案例中是否具有可操作性还有待验证，因此本节将基于模糊聚类分析方法的产品创新设计人员与组织匹配关键影响因素识别模型应用于以下案例之中。

2.3.1 研究对象

本节以中国重庆市某一民用船舶制造业企业为研究对象，该企业主要生产船舶发动机、汽轮机等产品，企业多个组织或部门共同参与产品开发、管理及销售等

环节。该企业主打产品在当前市场极具竞争力，客户资源丰富。为了进一步提高产品研发水平，提升产品竞争力，该企业对现有设计人员与组织重新进行匹配，以达到组织整体匹配度最大。根据前文分析，本章首先分析人员与组织匹配的影响因素，并识别关键影响因素。本节通过向企业发放问卷 91 份，实际收回 87 份，有效问卷 83 份，问卷回收率为 95.6%，有效率为 91.2%。本章提出的 20 个影响因素均包含在问卷中，为了保证问卷的客观性及准确性，问卷问题不做因素分类。该问卷主要参与对象为企业高层、中层、基层管理者，以及项目负责人、工程师、销售员，参与人员根据企业自身情况，依据模糊聚类分析方法，选择内容为“不重要，略重要，重要，非常重要”四个等级，相应分值为“1，3，5，7”。

2.3.2　数据处理

第一，根据调查问卷结果，对专家评分结果进行记录和整理，并利用式(2.5)、式(2.6)、式(2.7)对数据进行处理，83 份有效问卷的人员与组织匹配因素专家评分表见表 2.2，权重见表 2.3，数据处理后的标准化矩阵见表 2.4。

表 2.2　设计人员与组织匹配因素专家评分表

F	评估指标及其权重			
	不重要	略重要	重要	非常重要
x_{11}	5	7	29	42
x_{12}	7	7	39	30
x_{13}	2	15	27	39
x_{14}	12	20	30	21
x_{15}	3	19	37	24
x_{16}	11	31	14	27
x_{17}	7	29	37	10
x_{18}	11	31	28	13
x_{19}	3	9	32	39
x_{21}	3	13	38	29
x_{22}	4	9	31	39
x_{23}	9	20	30	24
x_{24}	3	10	30	40
x_{25}	8	12	29	34
x_{26}	3	24	26	30
x_{27}	7	16	24	36
x_{28}	2	11	24	46
x_{31}	0	14	22	47
x_{32}	6	20	27	30
x_{33}	17	38	15	13

表 2.3　设计人员与组织匹配因素专家评分权重

F	评估指标及其权重			
	不重要	略重要	重要	非常重要
x_{21}	0.20	0.07	0.72	0.79
x_{24}	0.20	0.10	0.64	0.81
x_{11}	0.30	0.00	0.60	0.87
x_{12}	0.25	0.07	0.68	0.79
x_{15}	0.10	0.13	0.40	0.97
x_{22}	0.00	0.23	0.32	1.00
x_{23}	0.20	0.20	0.96	0.52
x_{17}	0.40	0.00	1.00	0.54
x_{25}	0.10	0.26	0.52	0.79
x_{16}	0.20	0.39	0.92	0.38
x_{33}	0.50	0.16	0.60	0.65
x_{18}	0.40	0.30	0.40	0.71
x_{31}	0.20	0.55	0.48	0.54
x_{14}	0.35	0.42	0.52	0.54
x_{13}	0.55	0.42	0.64	0.38
x_{32}	0.70	0.42	0.64	0.30
x_{27}	0.40	0.72	0.92	0.00
x_{26}	0.65	0.78	0.56	0.08
x_{19}	0.65	0.78	0.00	0.46
x_{28}	1.00	1.00	0.04	0.08

表 2.4　设计人员与组织匹配影响因素标准化矩阵表

F	评估指标及其权重			
	不重要	略重要	重要	非常重要
x_{11}	0.30	0.00	0.60	0.87
x_{12}	0.40	0.00	1.00	0.54
x_{13}	0.10	0.26	0.52	0.79
x_{14}	0.70	0.42	0.64	0.30
x_{15}	0.20	0.39	0.92	0.38
x_{16}	0.65	0.78	0.00	0.46
x_{17}	0.40	0.72	0.92	0.00
x_{18}	0.65	0.78	0.56	0.08
x_{19}	0.20	0.07	0.72	0.79
x_{21}	0.20	0.20	0.96	0.52
x_{22}	0.25	0.07	0.68	0.79

续表

F	评估指标及其权重			
	不重要	略重要	重要	非常重要
x_{23}	0.55	0.42	0.64	0.38
x_{24}	0.20	0.10	0.64	0.81
x_{25}	0.50	0.16	0.60	0.65
x_{26}	0.20	0.55	0.48	0.54
x_{27}	0.40	0.30	0.40	0.71
x_{28}	0.10	0.13	0.40	0.97
x_{31}	0.00	0.23	0.32	1.00
x_{32}	0.35	0.42	0.52	0.54
x_{33}	1.00	1.00	0.04	0.08

第二，根据式(2.8)、式(2.9)计算各因素之间的相似系数，建立模糊相似矩阵 R_s。

$$R_s=\begin{bmatrix}
1 \\
0.9016 & 1 \\
0.9503 & 0.8338 & 1 \\
0.7220 & 0.8320 & 0.7050 & 1 \\
0.7896 & 0.9184 & 0.8414 & 0.8580 & 1 \\
0.4879 & 0.3813 & 0.5752 & 0.77647 & 0.5050 & 1 \\
0.5000 & 0.7273 & 0.5839 & 0.8799 & 0.9009 & 0.5960 & 1 \\
0.8796 & 0.9725 & 0.8841 & 0.8166 & 0.9764 & 0.4172 & 0.7964 & 1 \\
0.9916 & 0.9343 & 0.9644 & 0.7544 & 0.8596 & 0.4874 & 0.5901 & 0.9317 & 1 \\
0.7888 & 0.8704 & 0.7968 & 0.9887 & 0.9118 & 0.7590 & 0.8870 & 0.8775 & 0.8279 & 1 \\
\vdots & \vdots & \vdots & \vdots & \vdots & \vdots & \vdots & \vdots & \vdots & \vdots & \ddots \\
0.9851 & 0.9361 & 0.9655 & 0.7386 & 0.8698 & 0.4537 & 0.5940 & 0.9415 & 0.9984 & 0.9989 & \cdots & 1 \\
0.9537 & 0.7533 & 0.9722 & 0.5866 & 0.7001 & 0.5213 & 0.3868 & 0.7801 & 0.9392 & 0.9678 & \cdots & 0.9935 & 1
\end{bmatrix}$$

第三，计算模糊等价矩阵 R_s^*，根据模糊相似矩阵的传递闭包构造算法步骤 1 至步骤 5，构造传递闭包运算表，如表 2.5 所示，并求解匹配关键影响因素树图 G（图 2.5）和模糊等价矩阵 R_s^*。

表 2.5　传递闭包运算表

r_{ij}	0.9984	0.9977	0.9970	0.9916	…	0.9655	…	0.4874	0.4172	0.3868	0.3813
i	19	11	19	9	…	19	…	8	7	20	6
j	9	9	11	1	…	3	…	6	6	7	2

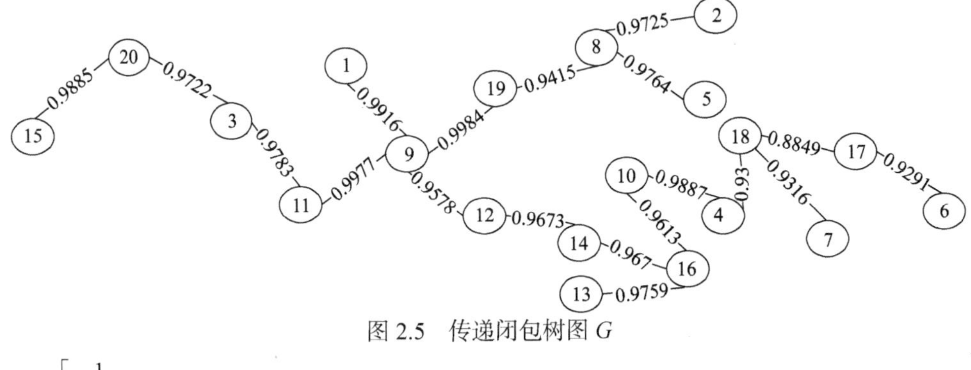

图 2.5　传递闭包树图 G

$$
R_s^* = \begin{bmatrix}
1 \\
0.9415 & 1 \\
0.9783 & 0.9415 & 1 \\
0.9578 & 0.9415 & 0.9578 & 1 \\
0.9415 & 0.9725 & 0.9415 & 0.9415 & 1 \\
0.8849 & 0.8849 & 0.8849 & 0.8849 & 0.8849 & 1 \\
0.9300 & 0.9300 & 0.9300 & 0.9300 & 0.9300 & 0.8849 & 1 \\
0.9415 & 0.9725 & 0.9415 & 0.9415 & 0.9764 & 0.8849 & 0.9300 & 1 \\
0.9916 & 0.9415 & 0.9783 & 0.9578 & 0.9415 & 0.8849 & 0.9300 & 0.9415 & 1 \\
0.9578 & 0.9415 & 0.9578 & 0.9887 & 0.9415 & 0.8849 & 0.9300 & 0.9415 & 0.9578 & 1 \\
\vdots & \vdots & \vdots & \vdots & \vdots & \vdots & \vdots & \vdots & \vdots & \vdots & \ddots \\
0.9916 & 0.9415 & 0.9783 & 0.9578 & 0.9415 & 0.8849 & 0.9300 & 0.9415 & 0.9984 & 0.9989 & \cdots & 1 \\
0.9722 & 0.9415 & 0.9722 & 0.9578 & 0.9415 & 0.8849 & 0.9300 & 0.9415 & 0.9722 & 0.9799 & \cdots & 0.9898 & 1
\end{bmatrix}
$$

第四，给定不同的阈值 λ，求解人员与组织匹配影响因素标准化模糊等价矩阵 R_s^* 的截矩阵 $R_{s\lambda}^*$。

在 λ=0.95 处，人员与组织匹配影响因素标准化模糊等价矩阵 R_s^* 的截矩阵 $R_{s\lambda}^*$ 为

$$
R_{s\lambda}^* = \begin{bmatrix}
1 \\
0 & 1 \\
1 & 0 & 1 \\
1 & 0 & 1 & 1 \\
0 & 1 & 0 & 0 & 1 \\
0 & 0 & 0 & 0 & 0 & 1 \\
0 & 0 & 0 & 0 & 0 & 0 & 1 \\
0 & 1 & 0 & 0 & 1 & 0 & 0 & 1 \\
1 & 0 & 1 & 1 & 0 & 0 & 0 & 0 & 1 \\
1 & 0 & 1 & 1 & 0 & 0 & 0 & 0 & 1 & 1 \\
\vdots & \vdots & \vdots & \vdots & \vdots & \vdots & \vdots & \vdots & \vdots & \vdots & \ddots \\
1 & 0 & 1 & 1 & 0 & 0 & 0 & 0 & 1 & 1 & \cdots & 1 \\
1 & 0 & 1 & 1 & 0 & 0 & 0 & 0 & 1 & 1 & \cdots & 1 & 1
\end{bmatrix}
$$

第五，为了对影响人员与组织匹配的 20 个影响因素进行聚类，利用式(2.11)进行 F 统计量检验，确定最佳阈值 λ，通过计算可知，当 λ=0.95 时，产品创新设计人员与组织匹配影响因素最佳聚类数为 6，具体分类结果见表 2.6。

表 2.6 人员与组织匹配影响因素聚类结果

F	评估指标及其权重				总分	层级	等级
	不重要	略重要	重要	非常重要			
x_{21}	0.20	0.07	0.72	0.79	0.952	第一层级	非常强
x_{24}	0.20	0.10	0.64	0.81	0.938		
x_{11}	0.30	0.00	0.60	0.87	0.937		
x_{12}	0.25	0.07	0.68	0.79	0.937		
x_{15}	0.10	0.13	0.40	0.97	0.934		
x_{22}	0.00	0.23	0.32	1.00	0.932		
x_{23}	0.20	0.20	0.96	0.52	0.920	第二层级	很强
x_{17}	0.40	0.00	1.00	0.54	0.919		
x_{25}	0.10	0.26	0.52	0.79	0.899		
x_{16}	0.20	0.39	0.92	0.38	0.863	第三层级	强
x_{33}	0.50	0.16	0.60	0.65	0.855		
x_{18}	0.40	0.30	0.40	0.71	0.824		
x_{31}	0.20	0.55	0.48	0.54	0.807	第四层级	弱
x_{14}	0.35	0.42	0.52	0.54	0.802		
x_{13}	0.55	0.42	0.64	0.38	0.767	第五层级	很弱
x_{32}	0.70	0.42	0.64	0.30	0.726		
x_{27}	0.40	0.72	0.92	0.00	0.715		
x_{26}	0.65	0.78	0.56	0.08	0.639	第六层级	非常弱
x_{19}	0.65	0.78	0.00	0.46	0.622		
x_{28}	1.00	1.00	0.04	0.08	0.480		

2.3.3 结果分析

从人员与组织匹配影响因素聚类结果可以得知，组织文化、组织目标、员工薪酬模式、气质性格、通用能力及工作态度等六个因素对企业产品创新设计人员与组织匹配程度影响最强，为人员与组织匹配程度的关键影响因素。

本案例中识别的关键影响因素在 λ=0.95 时给出，当企业实际需求不同时，λ 可随之调整，所以关键影响因素根据企业的实际而改变。

2.4 本章小结

本章首先阐述了产品创新设计人员与组织匹配的主要环节，然后明确了匹配影响因素的识别过程，基于此，结合产品创新设计过程，从设计组织因素、设计人员因素及外部环境因素三个方面展开分析，然后利用改进的模糊聚类分析识别关键影响因素，最后将研究成果应用于实际案例。本章研究成果为后续产品创新设计人员与组织匹配优化奠定基础。

3 产品创新设计人员与组织匹配测度

产品创新设计人员与组织匹配测度是评价设计人员与组织匹配是否合理，实现匹配优化的基础和关键。为此，本章阐述如何进行产品创新设计人员与组织匹配测度。首先，指出产品创新设计人员与组织匹配测度的重要性；其次，对产品创新设计人员与组织匹配的关键影响因素进行分类；再次，量化处理匹配关键影响因素，计算其权重，在此基础上，构建产品创新设计人员与组织匹配契合度模型；最后，以国内某制造企业发动机创新设计人员与组织匹配为例，验证匹配契合度模型和研究方法的可行性与有效性。

随着经济全球化及市场竞争激烈程度的加剧,产品创新设计有利于获取市场竞争优势，已达到企业重要发展战略的地位，是企业实现快速发展的重要支撑。作为一个复杂的过程，产品创新设计过程中人员与组织具有不同的需求和特点，且存在各种信息交互，相互依赖、相互制约。如何使设计人员与组织形成良好的匹配是产品创新设计过程中需要考虑的重要内容。合理匹配的优点：一方面，能减少设计人员由于个人特性与工作性质、工作内容的巨大差异带来调职或重新学习的窘境；另一方面，在动态、复杂、不确定环境下，可以提高组织的适应能力、快速反应能力及核心竞争力。在此过程中，设计人员与组织匹配测度是进行合理匹配的决策基础，因此有必要对产品创新设计人员与组织匹配测度展开研究。

目前，国内外针对人员与组织匹配测度的研究成果较多，人员和组织匹配测度实际上反映了组织特征与人员特征交互作用而形成的一种相容程度。赵希男等通过将组织标准指标分成标准值、区间值及临界值三种类型，探究了组织中独特的人员和组织匹配测算模型[27]；Shchmidt 和 Hunter 的研究更强调区分测量数据的独特变异和测量误差来源，并提供了通过研究设计和统计方法来控制和区分测量误差的具体方法[105]；Rynes 等认为，基于企业角度，企业组织在人员选择过程中有两个非常重要的环节，分别是岗位分析和个体综合能力测试，通过岗位分析最终确定工作岗位的具体要求，而通过个体综合能力测试可实现对个体是否拥有岗位所要求的能力进行判断[106]；Kristof 指出，可以将人员和组织匹配的测量方法分成三类[30]：主观匹配测量法(subjective fit)、知觉匹配测量法(perceived fit)和客观匹配测量法(objective fit)。主观匹配测量法就是直接通过询问人员在匹配过程中的人员特性在多大程度上与组织特性相匹配；知觉匹配测量法要求人员自我描述及对认知的组织特征进行描述，匹配的程度是通过计算应答者的自我描述与对组织的描述间的差异得到的；客观匹配测量法在要求人员描述自身特性的同时，要求其他成员对组织特征进行描述，结合组织成员的回答形成组织气氛测量，进而通过测量人员自我描述和总体组织氛围之间的一致性来衡量匹配程度。

赵慧娟等指出，根据人员与组织匹配研究构思和目的的不同，在匹配的测量上存在着两种不同的方式：对人员匹配知觉的直接测量和对组织与人员实际匹配的间接测量。匹配直接测量主要是让人员自己评价是否认为其与组织之间存在良好的匹配。直接测量的基本假设为，不管是一致性匹配还是互补性匹配，如果人员能够感觉到其与组织的匹配存在，那么匹配就存在了；间接测量方法通过对人员特征和组织特征进行分别评价，然后通过差异分数、Q 分类和多项式回归等方法对人员个体特征与组织特征之间的差异程度进行比较[24, 107]；宋典等提出了一套衡量人员与岗位匹配的变量组合测度公式，该方法主要是从组织角度进行考虑，并侧重于人员进入组织后对人员所做的满意度反馈，但没有强调对将进入组织的人员甄选环节。

此外，在对人员和组织匹配测度分析的实证研究方面，Vancouver 等从组织目标角度讨论人员和组织匹配的实质，通过评估个人目标与组织目标之间的相似性来对人员和组织之间的匹配程度进行测量[32]；邹立志通过建立人力资源量表的方法，对电力企业组织中的人力资源配置合理程度进行了评价[108]；齐二石等通过集成模糊综合评价法与层次分析法来实现人员与岗位匹配程度的量化，建立了一套科技人才与岗位的匹配测量方法[26]；赵希男等将工作岗位标准的指标分为标准值型、区间值型和临界值型三类，针对前两种类型指标，应用空间距离和相关性计算方法，对人员与岗位的横向匹配及纵向匹配程度进行测算[27]；汪定伟在考虑求职者和岗位之间的数值评价信息基础上，运用多目标优化模型方法来解决人岗匹配问题[109]；王金干等提出一种集成灰色关联系统理论与层次分析基本理论方法的评价模型，对人员评价、测度与选择进行了研究[110]；何才伟通过引入专家调查法和层次分析法建立了我国公共部门人职匹配测量模型，并通过实例测算具体职位的人职匹配度对所提模型进行验证[111]。

但是现有研究成果侧重于从理论角度对测度方法和形式进行阐述[112-114]，尚未针对产品创新设计过程中设计人员与组织匹配提供一套准确合理的匹配测度方法，难以为产品创新设计人员与组织匹配提供量化的决策依据。建立科学合理的设计人员与组织匹配测度模型，有效地解决产品创新设计中人员与组织匹配的难点问题具有重要的理论意义和工程价值。基于以上分析，本章通过对设计人员与组织匹配关键影响因素分类，对关键影响因素量化和赋权，在此基础上，构建产品创新设计人员与组织匹配契合度模型，为产品创新设计人员与组织优化匹配奠定基础。

3.1 设计人员与组织匹配测度过程

产品创新设计人员与组织的匹配是一个动态的复杂过程，设计人员与组织之间相互作用、相互制约，他们之间的关系受设计人员个人特征、组织内外环境的变更的影响。针对人员与组织匹配的动态性和复杂性，如何定量化分析设计人员与组织匹配程度，并以此判别人员与组织的匹配是否合理成为一个重要问题。结合第 2 章识别的产品创新设计人员与组织匹配关键影响因素，按照设计人员与组织匹配契合度模型的构建过程，分析设计人员与组织匹配测度过程，为人员与组织的优化匹配奠定基础。产品创新设计人员与组织匹配测度过程如图 3.1 所示。

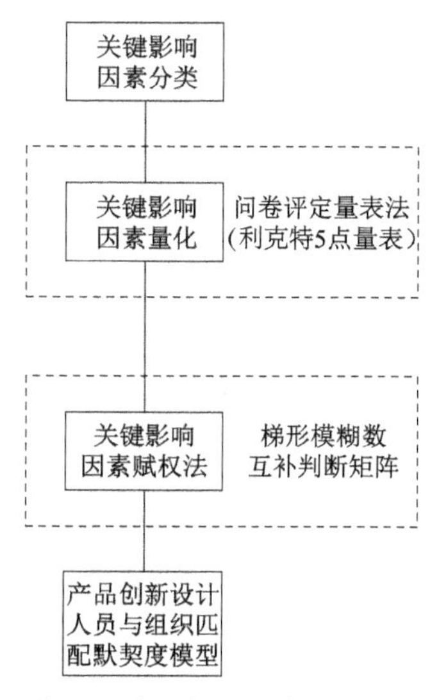

图 3.1 产品创新设计人与组织匹配测度过程

在产品创新设计过程中，人员与组织的匹配测度过程主要包括以下四个步骤。

步骤 1：关键影响因素分类。为便于匹配契合度模型的构建，本章基于 Kristof 的一致性匹配和互补性匹配理论，对关键影响因素进行分类处理，形成系统、规范的产品创新设计人员与组织匹配影响因素集。

步骤 2：关键影响因素量化。由于关键影响因素的描述多为定性描述，具有模糊性和不确定性，如何量化这些因素是在设计人员与组织匹配测度过程中必须解决的问题。设计人员与组织匹配测度存在两种不同的形式：直接测度和间接测度[39, 115, 116]。其中，间接测度又包括间接交叉层次测度和间接个体层次测度，各测度方法的特点如表 3.1 所示。为避免主观偏差，较为客观地测量设计人员与组织之间的匹配程度，本章结合设计人员与组织间的具体互动情况综合权衡各影响因素，选择间接交叉层次法对设计人员与组织的实际匹配情况进行测度。间接测度的测量工具有两类：问卷评定量表方法和 Q 分类法[117]，由于 Q 分类法的形式比较复杂，设计过程耗时，该方法适用于小样本或少数被试的研究，而问卷评定法设计过程简便，调研效率较高，且调研对象样本数量不受限，因此本章选取问卷评定量表法作为测量工具，对关键影响因素进行量化处理。

步骤 3：采用梯形模糊数互补判断矩阵对关键影响因素的权重进行计算。

步骤 4：构建产品创新设计人员与组织匹配契合度模型。

表 3.1　人员与组织匹配测度形式及其特点

测度形式	特点				
	主客观程度	匹配层次	优点	不足	具体操作方法
直接测度	主观感知匹配	个体层次	操作简单	无法对人与组织的独立效应分别进行评价，没有具体描述个体所认为存在的特征；主观性强，易产生各种偏差，如一致性偏差等	直接询问某类人员（可以是自评，也可以是他评）所感知的个体特征与组织特征整体匹配的状况
间接交叉层次测度	实际匹配	交叉层次	较为客观地测量人与组织的实际匹配情况，避免各种主观偏差	操作复杂；组织特征的测量数据来源有争议，数据来源可能存在取样偏差	安排两类不同的人员对同一特征各自从个人期望（自评）和组织现实（他评）的角度进行评价，并计算两者之间的差异分数或相关系数
间接个体层次测度	主观感知匹配	个体层次	操作简单，允许测量的组织特征存在个体差异	主观性强，易产生各种偏差，如一致性偏差、社会赞许反应等	要求同一人员（自评）对同一特征先个人期望和组织现实的角度进行两次评价，并计算两者之间的差异分数或相关系数

3.2　设计人员与组织匹配测度模型分析

在产品创新设计过程中，参与匹配的人员与组织来自不同背景、拥有不同资源与需求。匹配是否合理既会对设计人员的满意度产生影响，也会影响组织创新设计效率。因此，构建合理的匹配契合度模型就十分必要，有助于为设计人员或设计组织高效匹配合适的对象，加强匹配有效性，提高匹配效率和匹配满意度。在进行产品创新设计人员与组织匹配的关键影响因素研究的基础上，首先对这些因素进行分类和量化处理，并根据人员和组织的偏好程度对影响因素赋予相应的权重，在此基础上分别从人员和组织视角构建合适的匹配契合度模型。

3.2.1　匹配影响因素分类

根据 Kristof 提出的人员与组织匹配理论[118]，包括一致性匹配和互补性匹配，这两种方法分别从不同的角度出发进行匹配分析。一致性匹配从人员和组织的价值观、文化、目标、个性、工作态度等相似特点出发，考虑产品创新设计人员与组织的匹配程度；互补性匹配则是从供给与需求的角度考虑产品创新设计人员与组织的匹配程度。组织与人员互相提供资源，组织为人员提供物质和精神资源、工作发展和人际交往机会满足人员的需要，同时，人员也通过贡献时间、知识、技术和能力(knowledge、skill and ability，KSAs)等资源，努力工作以满足组织的要求。据此，产品创新设计人员与组织匹配可以分为两个维度，分别为一致性匹配和互补性匹配。基于这两个维度，产品创新设计人员与组织之间可以形成三种基本匹配：一致性匹配，即根据人员与组织相似的基本特征进行匹配；互补性匹配，即根据人员或组织至少一方为另一方能够提供相应的资源满足另一方面的需求出发进行匹配；混合性匹配，即同时具备一致性匹配和互补性匹配。以上三种状态只要出现其中一种，就会在某种程度上形成人员与组织的匹配[119]，如图 3.2 所示。在实际应用中，人员与组织的匹配一般是两种匹配有机结合，而不是单一的一致性匹配或互补性匹配。因此，在产品创新设计人员与组织匹配过程中，需要综合考虑一致性匹配和互补性匹配，对设计人员与组织匹配测度进行深入研究。由于产品创新设计人员与组织具有不同的基本特征、供给和需求，这些因素对于匹配过程的影响机理不同，如价值观、目标等基本特征是从一致性角度影响匹配程度的，而供给和能力则是从互补性角度影响匹配程度的。因此，分析设计人员与组织的匹配契合度并不只是对各影响因素进行单独分析，而是要深入研究其相互之间的影响和互动关系。通过匹配的影响机理对关键影响因素进行合理分类，能清楚、准确地识别这些影响因素的重要性，为产品创新设计人员与组织匹配契合度模型构建奠定基础。

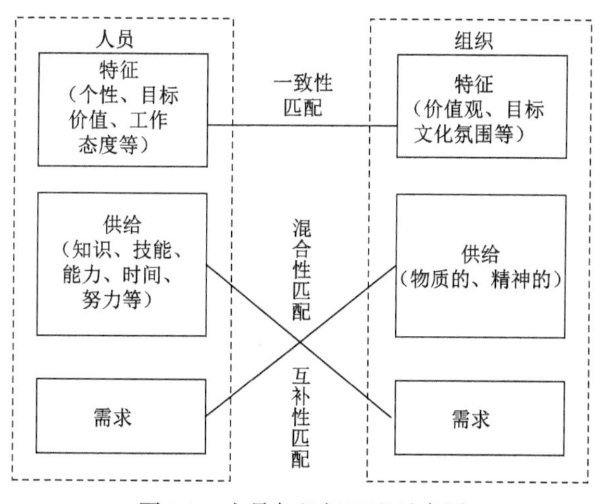

图 3.2　人员与组织匹配示意图

基于上述分析，将影响产品创新设计人员与组织匹配的因素分为两大类：一致性影响因素和互补性影响因素。其中，一致性匹配主要受组织目标、文化和人员价值观、工作态度等因素的影响；互补性匹配则需要根据人员和组织各自的需求来对影响因素进行分类，人员可以提供与之匹配的组织需求资源，包括智力水平、专业技能、通用能力等，组织为人员提供其所需资源，包括薪酬模式、组织创新环境、职业发展平台等。

3.2.2 匹配影响因素量化

在产品创新设计人员与组织匹配过程中，考虑到人员和组织的关键影响因素较多且复杂，且影响因素的效果多是从定性的角度来描述的，因此具有模糊性和不确定性，难以准确辨别其对匹配契合度的影响程度，因此，首先要对这些定性因素进行量化研究，为解决人员与组织匹配问题提供有效的、量化的数据支撑。基于本章 3.2 节中匹配测度形式的分析可知，直接测度受到主观影响较大，一是直接测度的有效性只与人员的主观感知相关，直接测度主观性强，容易形成各种偏差，无法分别详细描述设计人员与设计组织的特征；二是虽然间接个体测度分别从设计人员期望和设计组织的现实情况对某一特征进行评价，由于评价主体是同一类人，间接个体的测度结果同样主观性强，易产生偏差。为客观地测量产品创新设计人员与组织的实际匹配情况，本小节采用间接交叉层次测度形式对设计人员与组织匹配的影响因素进行量化分析。

间接交叉层次法的具体操作方法是：以匹配候选设计人员和设计组织熟悉人员(如人力资源主管、设计组织主管等)为调查对象，采用问卷调研的方式对产品创新设计人员与组织匹配的各影响因素进行调查。问卷采用利克特 5 点量表法进行计分，1～5 分别表示非常不符合、不符合、不清楚、符合和非常符合[118]。针对第 2 章研究得出的产品创新设计人员与组织匹配的关键影响因素分别设计问卷调查表，调查表内容包括 10～20 条针对相应关键影响因素的客观描述，描述主要来源于《工作评价：组织诊断与研究实用量表》[119]，并根据当前常用的组织测评和人才测评系统进行补充与完善。由于一致性匹配因素和互补性匹配因素对产品创新设计人员与组织匹配的影响机理不同，必须分别对两类因素设计问卷调查表。本章以一致性匹配影响因素中的文化因素和互补性匹配影响因素中的能力因素为例，阐述问卷的具体形式，如表 3.2 和表 3.3 所示。

表 3.2　产品创新设计人员与组织匹配影响因素——文化问卷调查表

<table>
<tr><td>问卷填写说明</td><td colspan="2">对下面列出的每一条内容，请根据您个人所期望的组织所具备的文化氛围或者您所在的组织具备的文化氛围，给出自己第一印象的评判。在每一点后面表示 5 种程度的数字下画钩，其中，1 表示非常不符合，2 表示不符合，3 表示不清楚，4 表示符合，5 表示非常符合</td></tr>
<tr><td>影响因素</td><td>文化</td><td>符合程度</td></tr>
<tr><td rowspan="6">具体描述</td><td>宽松舒适的工作环境</td><td>1 2 3 4 5</td></tr>
<tr><td>像个大家庭，成员间能分享彼此的经验或想法</td><td>1 2 3 4 5</td></tr>
<tr><td>具有活力，成员敢于冒险和创新</td><td>1 2 3 4 5</td></tr>
<tr><td>具有强烈的竞争意识与成果导向</td><td>1 2 3 4 5</td></tr>
<tr><td>管理严格，层级分明</td><td>1 2 3 4 5</td></tr>
<tr><td>重视团队合作、协商及成员参与</td><td>1 2 3 4 5</td></tr>
</table>

续表

问卷填写说明	对下面列出的每一条内容，请根据您个人所期望的组织所具备的文化氛围或者您所在的组织具备的文化氛围，给出自己第一印象的评判。在每一点后面表示 5 种程度的数字下画钩，其中，1 表示非常不符合，2 表示不符合，3 表示不清楚，4 表示符合，5 表示非常符合	
影响因素	文化	符合程度
具体描述	崇尚个人自由及自我展示	1 2 3 4 5
	重视员工工作的保障及稳定性，关怀员工	1 2 3 4 5
	追求竞争和成果	1 2 3 4 5
	有承担义务的责任感	1 2 3 4 5
	重视工作效率	1 2 3 4 5

资料来源：描述内容来源于《工作评价：组织诊断与研究实用量表》[119]，并以《组织文化评价量表研究》进行补充完善[120]

表 3.3 产品创新设计人员与组织匹配影响因素——能力问卷调查表

问卷填写说明	对下面列出的每一条内容，请根据您个人所具备的能力或者您所在的组织对设计人员的能力要求，给出自己第一印象的评判。在每一点后面表示 5 种程度的数字下画钩，其中，1 表示非常不符合，2 表示不符合，3 表示不清楚，4 表示符合，5 表示非常符合	
影响因素	能力	符合程度
具体描述	良好的记忆能力	1 2 3 4 5
	敏锐的观察能力	1 2 3 4 5
	敏捷的思维能力	1 2 3 4 5
	丰富的想象力	1 2 3 4 5
	较高的鉴赏能力	1 2 3 4 5
	广博的知识面	1 2 3 4 5
	新锐的创造力	1 2 3 4 5
	强烈的感受能力	1 2 3 4 5
	沟通能力	1 2 3 4 5
	团队合作能力	1 2 3 4 5
	协调能力	1 2 3 4 5
	宽广的文化视角	1 2 3 4 5
	开放的知识结构	1 2 3 4 5
	市场预测能力	1 2 3 4 5
	坚持不懈的毅力	1 2 3 4 5

资料来源：描述内容来源于《工作评价：组织诊断与研究实用量表》[119]

问卷包含两张相同描述题目的调查表，其中一张调查其个人偏好与问卷描述的符合程度，另一张调查组织熟悉人员对组织实际情况与问卷描述的是否符合。每项影响因素的匹配分数取两项分值之差的绝对值，绝对值越小，代表设计人员与设计组织该项影响因素的匹配程度越高。引入 D^{Factor} 表示影响因素 Factor 的差异程度系数

$$D^{\text{Factor}} = |\mathrm{SC}_P^{\text{Factor}} - \mathrm{SC}_O^{\text{Factor}}| \tag{3.1}$$

其中，$\mathrm{SC}_P^{\text{Factor}}$ 为人员对影响因素 Factor 的评分，$\mathrm{SC}_P^{\text{Factor}} = \sum_{h=1}^{H} \omega_h \mathrm{sc}_h^{\text{Factor}.P}$，$H$ 为因素 Factor 描述条目的总项数，$\mathrm{sc}_h^{\text{Factor}.P}$ 为人员对因素 Factor 第 h 个描述项的打分值，ω_h 为第 h 个描述项的权重，其值根据企业实际确定。同样地，$\mathrm{SC}_O^{\text{Factor}}$ 为组织对影响因素 Factor 的评分，$\mathrm{SC}_O^{\text{Factor}} = \sum_{h=1}^{H} \omega_h \mathrm{sc}_h^{\text{Factor}.O}$，$\mathrm{sc}_h^{\text{Factor}.O}$ 为组织对因素 Factor 第 h 个描述项的打分值。

计算所得程度系数 D^{Factor} 取值为 0～4，其中 0 表示完全匹配，4 表示完全不匹配。引入 M^{Factor} 表示人员与组织匹配影响因素 Factor 的匹配度，差异度 D^{Factor} 越小，表明匹配程度越大，即匹配度越大，则人员与组织该项因素的匹配度数值计算为

$$M^{\text{Factor}} = 4 - D^{\text{Factor}} \tag{3.2}$$

在此，引入 $\mathrm{MA}^{\text{Factor}}$ 表示一致性影响因素的匹配度；$\mathrm{MB}^{\text{Factor}}$ 表示基于组织角度的互补性影响因素的匹配度；$\mathrm{MC}^{\text{Factor}}$ 表示基于人员角度的互补性影响因素的匹配度。

3.2.3　匹配影响因素权重计算

产品创新设计人员与组织匹配影响因素指标体系的权重很大程度决定了匹配测度计算，权重分配是否合理直接影响匹配是否合理、科学。目前确定影响因素权重的方法除第 3 章所述的方法外，还包括主观赋权法、主成分分析法、因子分析法及秩和比(rank sum ratio，RSR)法等。

1. 主观赋权法与客观赋权法

当用若干个指标进行综合评价时，其对评价对象的作用，从评价的目标来看，并不是同等重要的。为了体现各个评价指标在评价指标体系中的作用及重要程度，在指标体系确定之后，必须对各指标赋予不同的权重[121]。权重是以某种形式对比、权衡被评价事物总体中诸多因素相对重要程度的量值。合理确定权重对评价或决

策有着重要意义。同一指标数值，不同的权重会造成截然不同甚至相反的评价结论。因此，权重的确定是综合评价中十分棘手的问题。一般而言，指标间的权重差异主要是由以下三个方面的原因造成的：①评价者对各指标的重视程度不同，反映了评价者的主观差异；②各指标在评价中所起的作用不同，反映了各指标的客观差异；③各指标的可靠程度不同，反映了各指标提供的信息的可靠性不同。

多指标综合评价中各指标权重分配的不同会直接导致评价对象优劣顺序的改变，因而权重的合理性、准确性直接影响评价结果的可靠性。一般来说，评价者在分配权重时要考虑三个因素：①指标变异程度大小，即指标能够分辨出评价对象之间差异能力的大小；②指标独立性大小，即与其他指标重复的信息多少；③评价者的主观偏好。概括起来权重的分配有主观赋权、客观赋权和组合赋权三类方法。

主观赋权法是指赋权者根据自己个人或评价者群体主观的经验，对各个要素指定权重的方法。这种方法的优点是简单、方便、迅速，能发挥评价者长期积累的知识和经验，而且赋权者能够根据实际情况和环境的变化做出迅速调整，灵活性和针对性较强。但其弊端突出表现在受主观因素影响较大，受到个人知识、活动范围、认识能力的制约，以及其个性倾向性如情绪、情感等因素的影响，使这种方法有很大的局限性和不稳定性[122]。专家评判法选择若干专家组成评判小组，各专家独立给出一套权重，形成一个评判矩阵，对各专家给出的权重进行综合处理得出综合权重。该方法是利用专家的知识、指挥、经验等无法数量化且带有很大模糊性的信息形成对各方面的评价权重，体现了评价者的主观偏好，方法操作简单，原理清楚明了，但权重受主观因素影响较大，不能形成具有说服力而且稳定的一套权重。它适合数据收集困难或者信息量化不易准确的评价项目。

客观赋权法是直接根据指标的原始信息，通过统计方法处理后获得权重的一种方法，常见的有主成分分析法、变异系数法等。相对而言，这类方法受主观因素影响较小；它的缺陷在于权重的分配会受到样本数据随机性的影响，不同的样本即使用同一种方法也会得出不同的权重。

变异系数是统计中常用的衡量数据差异的统计指标，该方法根据各个指标在所有评价对象上观测值的变异程度大小来对其赋权。为避免指标的量纲和数量级不同所带来的影响，该方法直接用变异系数归一化处理后的数值作为各指标的权重。首先，计算各指标的标准差，反映各指标的绝对变异程度；其次，计算各指标的变异系数，反映各指标的相对变异程度；最后，对各指标的变异系数进行归一化处理，得到各个指标的权重。

变异系数法的基本原理在于变异程度越大的指标对综合评价的影响就越大。权重大小体现了指标分辨能力的大小。但它不能体现指标的独立性大小和评价者对指标价值的理解，因而在评价指标独立性较强的项目时可以采用[123]。

2. 主成分分析法

主成分分析法是一种数学变换的方法，它把给定的一组相关变量通过线性变换转成另一组不相关的变量，这些新的变量按照方差依次递减的顺序排列。在数学变换中保持变量的总方差不变，使第一变量具有最大的方差，称为第一主成分，第二变量的方差次大，并且和第一变量不相关，称为第二主成分。以此类推，I 个变量就有 I 个主成分[124]。

主成分分析法的目的是希望用较少的变量去解释原来资料中的大部分变量，将我们手中许多相关性很高的变量转化成彼此相互独立或不相关的变量。通常是选出比原始变量个数少，能解释大部分资料中变量的几个新变量，即所谓主成分，并用以解释资料的综合性指标。主成分分析实际上是一种降维方法[124]。

变量个数太多就会增加课题的复杂性。人们自然希望变量个数较少而得到的信息较多。在很多情形下，变量之间是有一定的相关关系的，当两个变量之间有一定的相关关系时，可以解释为这两个变量反映此课题的信息有一定的重叠。主成分分析是对于原先提出的所有变量，将重复的变量(关系紧密的变量)删去，建立尽可能少的新变量，使得这些新变量是两两不相关的，而且这些新变量在反映课题的信息方面尽可能保持原有的信息。[125]

设法将原来变量重新组合成一组新的互相无关的几个综合变量，同时根据实际需要从中可以取出较少的几个综合变量，尽可能多地反映原来变量信息的统计方法叫作主成分分析或称主分量分析，这也是数学上用来降维的一种方法。

进行主成分分析主要步骤如下：①指标数据标准化(SPSS 软件自动执行)；②指标之间的相关性判定；③确定主成分个数 m；④主成分 F_i 表达式；⑤主成分 F_i 命名。因此，该方法的思路是将多个指标综合为少数几个指标，而保持原指标大量信息不缺失的一种方法。采用主成分分析法进行权重确定的优点是具有全面性、可比性、可行性，缺点是易受到指标间信息重叠的影响而无法保证计算的精确性。

3. 因子分析法

因子分析法是由心理学家 Charles 率先提出的，是一种基于数理统计学的方法。因子分析法的基本思想是通过研究与原始指标相关矩阵的内部结构，找出少数几个不可测的能控制所有指标的公因子，每个指标可以近似表示成由公因子组成的线性组合，从而达到简化的目的。对每个指标计算共性因子的累积贡献率来定权，累积贡献率越大，说明该指标对共性因子的作用越大，其权重也越大。该方法受原始指标间相关程度均衡性影响较大，缺乏一定的准确性。

因子分析的基本目的就是用少数几个因子去描述许多指标或因素之间的联系，即将相关比较密切的几个变量归在同一类中，每一类变量就成为一个因子，以较少的几个因子反映原资料的大部分信息。

因子分析模型描述如下[126-129]。

(1) $X = (x_1, x_2, \cdots, x_p)$ 是可观测随机向量，均值向量 $E(X)=0$，协方差阵 $\mathrm{Cov}(X)=\Sigma$，且协方差阵 Σ 与相关矩阵 R 相等(只要将变量标准化即可实现)。

(2) $F = (F_1, F_2, \cdots, F_m)$ $(m<p)$ 是不可测的向量，其均值向量 $E(F)=0$，协方差矩阵 $\mathrm{Cov}(F) = I$，即向量的各分量是相互独立的。

(3) $e = (e_1, e_2, \cdots, e_p)$ 与 F 相互独立，且 $E(e)=0$，e 的协方差阵 Σ 是对角阵，即各分量 e 之间是相互独立的，则模型

$$
\begin{aligned}
x_1 &= a_{11}F_1 + a_{12}F_2 + \cdots + a_{1m}F_m + e_1 \\
x_2 &= a_{21}F_1 + a_{22}F_2 + \cdots + a_{2m}F_m + e_2 \\
&\vdots \\
x_p &= a_{p1}F_1 + a_{p2}F_2 + \cdots + a_{pm}F_m + e_p
\end{aligned}
$$

称为因子分析模型，由于该模型是针对变量进行的，各因子又是正交的，所以也称为 R 型正交因子模型。

其矩阵形式为 $X = AF + e$。其中，$X = \{x_1, x_2, \cdots, x_p\}$，$A = \begin{bmatrix} a_{11} & a_{12} & \cdots & a_{1m} \\ a_{21} & a_{22} & \cdots & a_{2m} \\ \vdots & \vdots & & \vdots \\ a_{p1} & a_{p2} & \cdots & a_{pm} \end{bmatrix}$ $A = \{a_{\cdot 1}, a_{\cdot 2}, \cdots, a_{\cdot m}\}$，$F = \{F_1, F_2, \cdots, F_m\}$，$e = \{e_1, e_2, \cdots, e_p\}$。这里，①$m \leqslant p$；②$\mathrm{Cov}(F, e)=0$，即 F 和 e 是不相关的；③$D(F) = I_m$，即 $F_1, F_2, \cdots, F_m$ 不相关且方差均为 1；④$D(e)=0$，即 $e_1, e_2, \cdots, e_p$ 不相关，且方差不同。

我们把 F 称为 X 的公共因子或潜因子，矩阵 A 称为因子载荷矩阵，e 称为 X 的特殊因子。

$A = (a_{ij})$，a_{ij} 为因子载荷。数学上可以证明，因子载荷 a_{ij} 就是第 i 变量与第 j 因子的相关系数，反映了第 i 变量在第 j 因子上的重要性。

因子分析法的意义在于模型中 $F_1, F_2, \cdots, F_m$ 叫作主因子或公共因子，它们是在各个原观测变量的表达式中都共同出现的因子，是相互独立的不可观测的理论变量。公共因子的含义必须结合具体问题的实际意义而定。$e_1, e_2, \cdots, e_p$ 叫作特殊因子，是向量 X 的分量 $x_i (i=1, 2, \cdots, p)$ 所特有的因子，各特殊因子之间及特殊因子与所有公共因子之间都是相互独立的。模型中载荷矩阵 A 中的元素 (a_{ij}) 为因子载荷。因子载荷 a_{ij} 是 x_i 与 F_j 的协方差，也是 x_i 与 F_j 的相关系数，它表示 x_i 依赖 F_j 的程度。可将 a_{ij} 看作第 i 个变量在第 j 公共因子上的权，a_{ij} 的绝对值越大 $(|a_{ij}| \leqslant 1)$，表明 x_i 与 F_j 的相依程度越大，或称公共因子 F_j 对于 x_i 的载荷量越大。为了得到因子分析结果的经济解释，因子载荷矩阵 A 中有两个统计量十分重要，即变量共同度和公共因子的方差贡献。

因子载荷矩阵 A 中第 i 行元素的平方和记为 h_i^2，称为变量 x_i 的共同度。它是全部公共因子对 x_i 的方差所做出的贡献，反映了全部公共因子对变量 x_i 的影响。如果 h_i^2 大，则表明 X 的第 i 个分量 x_i 对于 F 的每一分量 $F_1, F_2, \cdots, F_m$ 的共同依赖程度大。

将因子载荷矩阵 A 的第 j 列（$j=1, 2,\cdots, m$）的各元素的平方和记为 g_j^2，称为公共因子 F_j 对 X 的方差贡献。g_j^2 就表示第 j 个公共因子 F_j 对于 X 的每一分量 x_i（$i=1, 2,\cdots, p$）所提供方差的总和，它是衡量公共因子相对重要性的指标。g_j^2 越大，表明公共因子 F_j 对 X 的贡献越大，或者说对 X 的影响和作用就越大。如果将因子载荷矩阵 A 的所有 g_j^2（$j=1, 2,\cdots, m$）都计算出来，使其按照大小排序，就可以依此提炼出最有影响力的公共因子。

因子分析的核心问题有两个：一是如何构造因子变量；二是如何对因子变量进行命名解释。因此，因子分析的基本步骤和解决思路就是围绕这两个核心问题展开的。

因子分析常常有以下四个基本步骤：①确认待分析的原变量是否适合作因子分析；②构造因子变量；③利用旋转方法使因子变量更具有可解释性；④计算因子变量得分。

因子分析的计算过程：①将原始数据标准化，以消除变量间在数量级和量纲上的不同。②求标准化数据的相关矩阵。③求相关矩阵的特征值和特征向量。④计算方差贡献率与累积方差贡献率。⑤确定因子：设 F_1，F_2，…，F_p 为 p 个因子，其中前 m 个因子包含的数据信息总量（即其累积贡献率）不低于 80%时，可取前 m 个因子来反映原评价指标。⑥因子旋转：若所得的 m 个因子无法确定或其实际意义不是很明显，这时需将因子进行旋转以获得较为明显的实际含义。⑦用原指标的线性组合来求各因子得分。采用回归估计法、Bartlett 估计法或 Thomson 估计法计算因子得分。⑧综合得分。以各因子的方差贡献率为权，由各因子的线性组合得到综合评价指标函数。$F=(w_1F_1+w_2F_2+\cdots+w_mF_m)/(w_1+w_2+\cdots+w_m)$，此处 w_i 为旋转前或旋转后因子的方差贡献率。⑨得分排序：利用综合得分可以得到得分名次。[129]

4. 秩和比法

秩和比法是一组全新的统计信息分析方法，是数量方法中一种广谱的方法，针对性强，操作简便，使用效果明显。

秩和比法的设计思想是算得的秩和比越大越好，为此，指标编秩时要严格区分高优与低优。

一般说来，编秩是不难的。例如，治疗有效率、诊断符合率等可视为高优指标；发病率、住院病死率、平均住院日等可视为低优指标。编秩时，还可参照指标间相关分析和参照指定的“标准”。但有时还需实事求是地加以限定。例如，病床利用率、平均病床周转次数一般可作高优指标理解，但过高也不见得是好事。

除区分高优指标与低优指标外，有时还要运用不分高优与低优及其种种组合形式，如在疗效评价中，微效率可视为偏高优，不变率可视为稍低优。编秩的技巧问题要从业务出发来合理地解决。

秩和比法指利用秩和比进行统计分析的一组方法。在一个 n 行 m 列矩阵中，通过秩代换，获得无量纲统计量秩和比；在此基础上，运用参数分析的概念与方法，解决综合评价、鉴别分类、因素与关联分析、统计监控、预测与决策等问题，为卫生管理和医学科技的发展服务。

实践表明，秩和比法是一种含义自明、容易推广的有效统计分析方法；秩和比法的理论意义再次印证了近代的非参数统计与古典的参数统计的互补作用和融合的必然性。

秩和比法的一般步骤如下：①计算秩和比；②确定秩和比的分布；③计算回归方程，必要时对秩和比还可选用适当代换量，以达到偏态对称化的目的；④按合理分档和最佳分档原则进行分档。

因此，秩和比法是一种有描述、有推断的，集参数统计和非参数统计于一体的实用数量方法，该方法能提高统计分析与再分析的水平。该方法首先对评价指标得分进行排序，并计算排序的秩次的秩和的平均数，利用统计分析方法综合评价评价指标体系。其基本原理是在一个 n 行 m 列矩阵中，通过秩转换，获得无量纲统计量秩和比；在此原理基础上，运用参数统计分析的概念与方法，研究秩和比的分布；以秩和比值对评价对象的优劣计算相应的权重。该方法在评价指标的选取上有一定的要求，需要多选择灵敏度高、代表性强、有一定区分能力、相互独立的指标[130, 131]。

5. 模糊数互补判断矩阵法

由于人类思维的模糊性及事物的不确定性，决策者在比较分析时给出的判断值往往不是精确的数字，而是以区间数或模糊数等形式对事物进行判断分析并进行决策的。在决策过程中，决策者对评价指标进行两两比较并构造互补判断矩阵，然后通过对模糊数判断矩阵进行一致性转换和归一化处理，得到模糊互补判断矩阵的排序公式，从而得到评价指标的权重。目前常见的模糊数互补判断矩阵方法主要是以区间数和三角模糊数为元素的互补判断矩阵排序方法。其中，区间数排序方法主要是基于可能度的思想沿两个方向进行研究：数轴法和概率法。数轴法主要是依据区间数端点间的位置关系进行讨论；概率法主要是根据决策方案的综合评价值是客观存在的定值，且在某个有把握的区间上随机抽取，并假设服从某种概率分布进行研究。而三角模糊数排序方法则是基于密度和质量原理分为密度型和质量型，密度型是根据三角模糊数本身给出的排序方法，而质量型则不仅考虑三角模糊数本身还考虑到其隶属度函数的影响[132]。

相比于其他赋权方法，模糊数互补判断矩阵法具有简单易懂、结果清晰的特点，计算过程简单，计算效率较高，具有较强的可操作性和实用性，能够较好地解决不确定性的模糊问题。由于产品创新设计人员与组织匹配的关键影响因素相互之间的关系存在一定的交互性和关联性，并不能单独对某项关键影响因素进行分析。另外，由于专家对事物的判断具有不确定性和模糊性，以及专家个人的思维能力、知识结构判断水平的局限性和专家难以把握信息的真实状态等原因，对于各关键因素重要程度的评价不能用精确的数值来描述，而只能给出模糊的信息。基于以上分析，本节为了确保产品创新设计人员与组织匹配测度影响因素权重计算的合理性及科学性，提出采用模糊数判断矩阵对匹配影响因素赋权。但是由于区间数和三角模糊数互补判断矩阵得到的排序结果比较刚性，不能反映决策者偏好的变化对各因素权重值的影响。同时，针对模糊数的排序具有不确定性，会随着决策者偏好程度而进行改变的特点，本章选用梯形模糊数互补判断矩阵法这种包含区间数和三角模糊数作为特例的方法，因其在表达不确定信息时更具代表性。该方法能有效避免模糊信息处理过程中信息的丢失与扭曲，具备较好的传递性，能够体现人们决策思维的心理特征，并且符合人们思维决策的一致性，更为人们所接受，从而能够客观反映客观事物的特点，该方法的运算处理比较简单，计算速度较快[133]。

梯形模糊数互补判断矩阵法的计算规则如下。

定义 3.1 设 $\tilde{A}=(a_1,a_2,a_3,a_4)$ 为梯形模糊数，其隶属函数 $f_{\tilde{A}}(x):R\to[0,1]$，即

$$f_{\tilde{A}}(x)=\begin{cases}\dfrac{x-a_1}{a_2-a_1}, & a_1\leqslant x<a_2\\ 1, & a_2\leqslant x<a_3\\ \dfrac{x-a_4}{a_3-a_4}, & a_3\leqslant x<a_4\\ 0, & \text{其他}\end{cases}$$

其中，$x\in R$，$a_1\leqslant a_2\leqslant a_3\leqslant a_4$，$a_1,a_4$ 分别为 $\tilde{A}$ 的下限和上限，a_4-a_1,a_3-a_2 表示梯形模糊数的模糊程度，其值越大，模糊程度越强。

定义 3.2 梯形模糊数 $\tilde{A}$ 的左隶属函数为

$$f_{\tilde{A}}^{L}(x)=\frac{x-a_1}{a_2-a_1},\quad a_1\leqslant x<a_2$$

梯形模糊数 $\tilde{A}$ 的右隶属函数为

$$f_{\tilde{A}}^{R}(x)=\frac{x-a_4}{a_3-a_4},\quad a_3\leqslant x<a_4$$

其中，$f_{\tilde{A}}^{L}(x)$为严格增函数，$f_{\tilde{A}}^{R}(x)$为严格减函数，其反函数分别为

$$g_{\tilde{A}}^{L}=a_1+(a_2-a_1)y,\quad y\in[0,1]$$

$$g_{\tilde{A}}^{R}=a_4+(a_3-a_4)y,\quad y\in[0,1]$$

定义 3.3　梯形模糊数$\tilde{A}$的左期望值为

$$I_{\tilde{A}}^{L}=\int_0^1 g_{\tilde{A}}^{L}(y)\mathrm{d}y=\frac{a_1+a_2}{2}$$

梯形模糊数$\tilde{A}$的右期望值为

$$I_{\tilde{A}}^{R}=\int_0^1 g_{\tilde{A}}^{L}(y)\mathrm{d}y=\frac{a_3+a_4}{2}$$

则梯形模糊数$\tilde{A}$的期望值为

$$I_{\tilde{A}}^{\alpha}=\alpha I^{L}(\tilde{A})+(1-\alpha)I^{R}(\tilde{A})\quad,\quad 0\leqslant\alpha\leqslant 1$$

其中，α为乐观系数，$0\leqslant\alpha\leqslant 0.5$表示决策者偏向于悲观态度，$0.5\leqslant\alpha\leqslant 1$表示决策者偏向于乐观态度，$\alpha=0.5$表示决策者保持中立态度。

根据扩展原理，给定两个梯形模糊数$\tilde{A}=(a_1,a_2,a_3,a_4)$和$\tilde{B}=(b_1,b_2,b_3,b_4)$的运算法则如下：

$$\tilde{A}\oplus\tilde{B}=(a_1+b_1,a_2+b_2,a_3+b_3,a_4+b_4)$$

$$\tilde{A}\oplus\tilde{B}=(a_1b_1,a_2b_2,a_3b_3,a_4b_4)$$

$$\lambda\otimes\tilde{A}=\left(\lambda a_1,\lambda a_2,\lambda a_3,\lambda a_4\right)$$

$$\left(\tilde{A}\right)^{-1}=\left(\frac{1}{a_1},\frac{1}{a_2},\frac{1}{a_3},\frac{1}{a_4}\right)$$

其中，符号$\oplus$，$\otimes$分别表示梯形模糊数的加法和乘法运算。

定义 3.4　设$Q=(q_{ij})_{n\times n}$为一个梯形模糊数矩阵，其元素$q_{ij}=(a_{ij},b_{ij},c_{ij},d_{ij})$，且满足$0\leqslant a_{ij}\leqslant b_{ij}\leqslant c_{ij}\leqslant d_{ij}\leqslant 1$，$a_{ii}=b_{ii}=c_{ii}=d_{ii}=0.5$，$a_{ij}+d_{ij}=1$，$b_{ij}+c_{ij}=1$，$c_{ij}+b_{ij}=1$，$d_{ij}+a_{ij}=1$，$i,j\in N$，其中$q_{ij}$表示指标$x_i$比$x_j$的重要程度。$a_{ij}$，$[b_{ij}$，$c_{ij}]$，$d_{ij}$分别表示对重要程度的最悲观估计值、最可能存在区间、最乐观估计值。

假设同时聘请$M(M\geqslant 1)$位专家(设各位专家均处于平等地位)，分别对同一指标集$X=(x_1,x_2,\cdots,x_n)$中的指标进行两两比较判断，并分别给出梯形模糊数互补判断矩

阵。记第 k 位专家给出的判断矩阵为 $Q^{(k)}=(q_{ij}^{(k)})_{n\times n}$，其中 $q_{ij}^{(k)}=(a_{ij}^{(k)},b_{ij}^{(k)},c_{ij}^{(k)},d_{ij}^{(k)})$，$k=1,2,\cdots,M$，$i,j\in N$。

基于梯形模糊数互补判断矩阵的权重确定方法及计算步骤如下。

步骤 1：综合各位专家的偏好信息。

$$\begin{aligned} q_{ij}^{(k)}&=(a_{ij},b_{ij},c_{ij},d_{ij})=\frac{1}{M}\otimes(q_{ij}^{(1)}\oplus q_{ij}^{(2)}\oplus\cdots\oplus q_{ij}^{(M)}) \\ &=\left(\frac{1}{M}\sum_{k=1}^{M}a_{ij}^{(k)},\frac{1}{M}\sum_{k=1}^{M}b_{ij}^{(k)},\frac{1}{M}\sum_{k=1}^{M}c_{ij}^{(k)},\frac{1}{M}\sum_{k=1}^{M}d_{ij}^{(k)}\right),\quad i,j\in N \end{aligned} \tag{3.3}$$

步骤 2：运用以下公式计算各指标 x_i 的模糊评价值。

$$\begin{aligned} \widetilde{v}_i&=\left(\sum_{j=1}^{n}a_{ij},\sum_{j=1}^{n}b_{ij},\sum_{j=1}^{n}c_{ij},\sum_{j=1}^{n}d_{ij}\right)\otimes\left(\sum_{i=1}^{n}\sum_{j=1}^{n}a_{ij},\sum_{i=1}^{n}\sum_{j=1}^{n}b_{ij},\sum_{i=1}^{n}\sum_{j=1}^{n}c_{ij},\sum_{i=1}^{n}\sum_{j=1}^{n}d_{ij}\right)^{-1} \\ &\approx\left[\frac{\sum_{j=1}^{n}a_{ij}}{\sum_{i=1}^{n}\sum_{j=1}^{n}d_{ij}},\frac{\sum_{j=1}^{n}b_{ij}}{\sum_{i=1}^{n}\sum_{j=1}^{n}d_{ij}},\frac{\sum_{j=1}^{n}c_{ij}}{\sum_{i=1}^{n}\sum_{j=1}^{n}d_{ij}},\frac{\sum_{j=1}^{n}d_{ij}}{\sum_{i=1}^{n}\sum_{j=1}^{n}d_{ij}}\right],\quad i,j\in N \end{aligned} \tag{3.4}$$

步骤 3：计算指标 x_i 的模糊评价值的期望。

$$I(\widetilde{v}_i)=\alpha I^{L}(\widetilde{v}_i)+(1-\alpha)I^{R}(\widetilde{v}_i),\quad 0\leqslant\alpha\leqslant1,i\in N$$

通常取 $\alpha=0.5$，由此可得

$$I\left(\widetilde{v}_i\right)=\frac{a_i+b_i+c_i+d_i}{4},\quad i\in N \tag{3.5}$$

$I\left(\widetilde{v}_i\right)$的值越大，则相应的模糊评价值越大。

步骤 4：通过归一化处理，计算各指标的权重。

$$w_i=\frac{I\left(\widetilde{v}_i\right)}{\sum_{i=1}^{n}I\left(\widetilde{v}_i\right)},\quad i\in N \tag{3.6}$$

其中，w_i 为指标 x_i 的权重。

3.2.4 匹配契合度模型构建

1. 问题描述

假设在产品创新设计过程中，企业中有 m 个设计组织需要选择合适的设计人

员完成设计任务，m 个设计组织的特征集合 $O=\{O_1,O_2,\cdots,O_i,\cdots,O_m\}$，每个特征集中所包含的特征数量为 k 个，则第 i 个设计组织特征集合中的特征可以用集合 $O_i=\{O_{i1},O_{i2},\cdots,O_{ik}\}$ 来表示。目前，企业共有 n 个设计人员，设计人员的特征集合 $P=\{P_1,P_2,\cdots,P_j,\cdots,P_n\}$，每个集合中所包含的人员特征数量为 l 个，第 j 个设计人员特征集合中的特征可以用集合 $P_j=\{P_{j1},P_{j2},\cdots,P_{jl}\}$ 来表示。每个组织需要选择一个匹配人员，并使所有组织的整体匹配程度最大。其匹配关系可用如下映射关系图来表示，如图 3.3 所示。

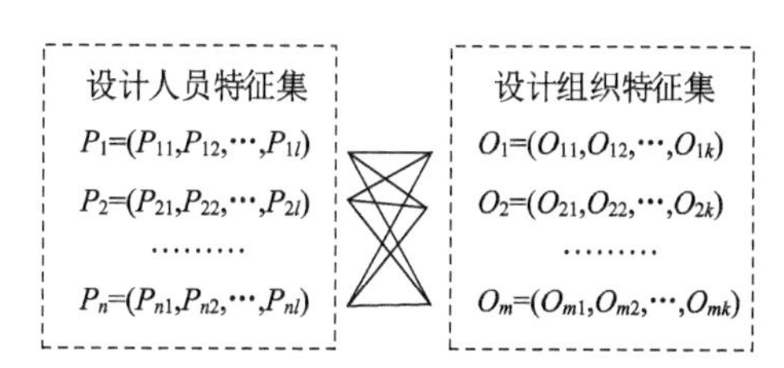

图 3.3 产品创新设计人员与组织特征匹配映射关系图

2. 匹配契合度模型构建

根据前文分析可知，产品创新设计人员与组织匹配契合度模型的构建可以分别从一致性匹配和互补性匹配两个维度进行分析与描述。接下来，本部分综合考虑产品创新设计人员与组织匹配过程中的一致性匹配和互补性匹配特征，分别从设计组织角度和设计人员角度建立相应的匹配契合度测度模型，以此为后期产品创新设计人员与组织匹配活动的顺利展开提供指导，其具体分析过程如下。

1）基于设计组织角度考虑的匹配契合度模型构建

第一，基于设计组织角度考虑的一致性匹配契合度计算公式。一致性匹配契合度是指人员基本特征同组织基本特征的相似性程度。人员与组织的个性、目标、价值观、文化氛围和工作态度等因素都影响一致性匹配契合度。当设计人员与设计组织具备一定的一致性匹配契合度时，设计人员的努力方向与设计组织要求一致，容易实现组织和个人的匹配。在本章中，假设影响设计人员与设计组织一致性匹配的关键因素共有 Γ 个，引入变量 MA_{ij}^k，表示设计组织 i 与设计人员 j 第 k 个一致性匹配影响因素的匹配度。

基于设计组织的角度考虑，引入 X_{ij}^O 表示设计组织 i 与设计人员 j 的一致性匹配契合度的函数，反映设计人员 j 与设计组织 i 一致性匹配程度的大小。本部分从设计组织角度计算产品创新设计组织 i 与设计人员 j 的一致性匹配契合度的公式为

$$X_{ij}^O=\sum_{k=1}^{\Gamma}\alpha_{ik}\mathrm{MA}_{ij}^k \tag{3.7}$$

其中，α_{ik} 为在设计组织 i 中第 k 个一致性影响因素的权重，且 $\sum_{k=1}^{\Gamma}\alpha_{ik}=1$，其具体值由上述提到的权重确定法求出。

第二，基于设计组织角度考虑的互补性匹配契合度计算公式。互补性匹配是指设计人员与设计组织之间特征相互弥补的程度。当人员特征成为组织整体的一部分或者正好是组织所缺少的部分，就会产生互补性匹配。设计人员与设计组织的需求/要求及设计人员与设计组织能够相互提供的资源/条件都对产品创新设计人员与组织的互补性匹配程度有着很大的影响。

本节基于组织角度来计算设计人员与设计组织的互补性匹配契合度，假设设计人员与组织的互补性匹配影响因素共有 V 个，引入变量 MB_{ij}^{l}，表示设计组织 i 与设计人员 j 第 l 个互补性匹配影响因素的匹配度。用 Y_{ij}^{O} 表示设计组织 i 与设计人员 j 的互补性匹配契合度函数，本节基于设计组织角度计算产品创新设计组织 i 与人员 j 的互补性匹配契合度公式为

$$Y_{ij}^{O}=\sum_{l=1}^{V}\gamma_{il}\mathrm{MB}_{ij}^{l} \tag{3.8}$$

其中，γ_{il} 为在设计组织 i 中第 l 项互补性匹配影响因素的权重，且 $\sum_{l=1}^{V}\gamma_{il}=1$，其具体值由权重计算公式求得。

第三，基于设计组织角度考虑的匹配契合度模型构建。根据上述分析结果，本节基于设计组织的角度来考虑并建立产品创新设计组织 i 与设计人员 j 的匹配契合度模型为

$$f_{ij}=u_{i}X_{ij}^{o}+v_{i}Y_{ij}^{o} \tag{3.9}$$

其中，u_i，v_i 分别为设计组织 i 中一致性匹配和互补性匹配的权重，且 $u_i+v_i=1$。

基于以上分析，可得基于组织角度的产品创新设计人员与组织匹配契合度矩阵：

$$F=\begin{pmatrix} f_{11} & & \cdots & & f_{1m} \\ & \ddots & & \iddots & \\ & & f_{ij} & & \\ & \iddots & & \ddots & \\ f_{1n} & & \cdots & & f_{nm} \end{pmatrix} \tag{3.10}$$

其中，f_{ij} 为从组织角度考虑的第 i 个设计组织与设计人员 j 的匹配契合度。

2）基于设计人员角度考虑的匹配契合度模型构建

类似地，基于设计人员的角度分别建立一致性匹配契合度计算公式、互补性匹配契合度计算公式及匹配契合度模型，其具体内容如下。

第一，基于设计人员角度考虑的一致性匹配契合度计算公式。基于设计人员的角度考虑，引入 X_{ij}^{P} 表示设计组织 i 与设计人员 j 的一致性匹配契合度的函数。本节从设计人员角度计算产品创新设计组织 i 与人员 j 的一致性匹配契合度公式为

$$X_{ij}^{P}=\sum_{k=1}^{\Gamma}\beta_{ik}\mathrm{MA}_{ij}^{k} \tag{3.11}$$

其中，β_{jk} 为第 k 项一致性匹配影响因素在设计人员 j 中的权重，且 $\sum_{k=1}^{\Gamma}\beta_{ik}=1$，其具体值由上述提到的权重确定法求出。

第二，基于设计人员角度考虑的互补性匹配契合度计算公式。本节基于人员角度来计算产品创新设计人员与组织的互补性匹配，假设设计人员与组织互补性匹配影响因素共有 Ω 个，引入一致性匹配影响因素变量 MC_{ij}^{g}，表示设计组织 i 与设计人员 j 第 g 个互补性匹配影响因素的匹配度。用 Y_{ij}^{P} 表示设计组织 i 与人员 j 的互补性匹配契合度函数，本节基于设计人员角度计算产品创新设计组织 i 与人员 j 的互补性匹配契合度公式为

$$Y_{ij}^{P}=\sum_{g=1}^{\Omega}\delta_{jg}\mathrm{MC}_{ij}^{g} \tag{3.12}$$

其中，δ_{jg} 为对于设计人员 j 来说，第 g 项互补性匹配影响因素的权重，且 $\sum_{g=1}^{\Omega}\delta_{jg}=1$，其具体权重值由权重计算公式求得。

第三，基于设计人员角度考虑的匹配契合度模型构建。根据上述分析结果，本节基于设计人员的角度来考虑并建立产品创新设计组织 i 与设计人员 j 的匹配契合度模型为

$$t_{ij}=\varphi_{j}X_{ij}^{P}+\psi_{j}Y_{ij}^{P} \tag{3.13}$$

其中，φ_{j} 和 ψ_{j} 分别为设计人员 i 的一致性匹配和互补性匹配的权重，且 $\varphi_{j}+\psi_{j}=1$。

基于以上分析，可得基于设计人员角度的产品创新设计人员与组织匹配契合度矩阵：

$$T=\begin{bmatrix} t_{11} & & \cdots & & t_{1m} \\ & \ddots & & \iddots & \\ & & t_{ij} & & \\ & \iddots & & \ddots & \\ t_{n1} & & \cdots & & t_{nm} \end{bmatrix} \tag{3.14}$$

其中，t_{ij}为从人员角度考虑的第i个设计组织与设计人员j的匹配契合度。

3.3 案例应用

以国内某制造业企业的发动机创新设计项目为例，对前文中所提出的产品创新设计人员与组织匹配测度模型进行应用。

该项目现有4个研发设计小组，包括壳体设计小组O_1、柱塞设计小组O_2、针阀设计小组O_3和泵体设计小组O_4。各设计小组分别要从6名候选设计人员（P_1，P_2，P_3，P_4，P_5，P_6）中各选一名设计人员加入到设计小组中。根据本章提出的匹配契合度模型分别从组织和人员的角度计算设计人员与设计组织的匹配契合度。

根据第2章提出的改进模糊聚类分析方法确定关键影响因素模型，明确本项目人员与组织匹配的关键影响因素包括价值观、组织目标、组织文化、工作态度、智力水平、通用能力、专业技能、组织创新环境、员工薪酬模式和员工职业发展平台。根据Kristof的人员与组织匹配模型中一致性匹配和互补性匹配的影响因素分类，对这些关键因素进行归类，如图3.4所示。

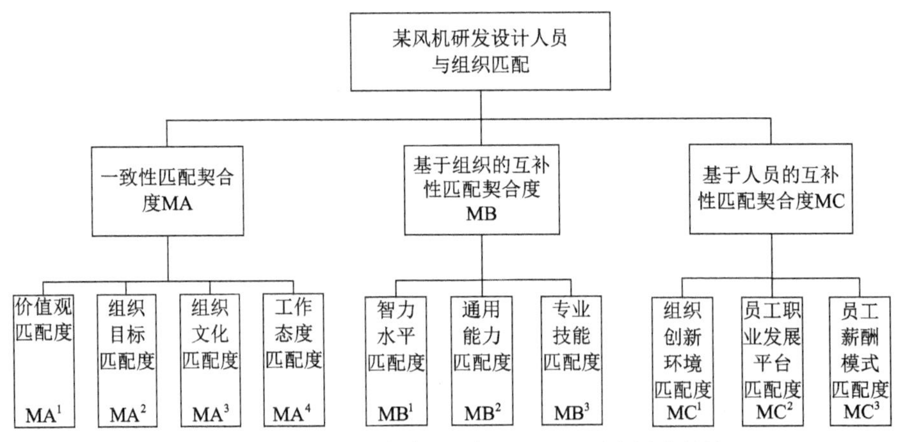

图3.4　某风机研发设计人员与组织匹配因素层次结构

通过利克特5点量表法分别对6名候选研发设计人员进行问卷调查，得到组织与人员匹配影响因素量表，如表3.4所示。

表 3.4　设计人员与组织匹配影响因素量表

组织	人员	一致性匹配因素				互补性匹配因素					
						基于组织角度			基于人员角度		
		价值观	组织目标	组织文化	工作态度	智力水平	通用能力	专业技能	组织创新环境	员工职业发展平台	员工薪酬模式
1	1	3.00	3.00	3.50	3.33	2.00	3.00	2.67	3.50	2.00	3.00
	2	2.00	2.00	2.00	2.33	2.67	2.00	1.00	3.00	3.33	2.33
	3	2.80	2.00	2.00	3.00	3.00	2.00	2.33	3.00	3.00	2.00
	4	3.33	2.67	2.50	1.33	3.33	2.00	3.33	2.50	2.33	2.00
	5	2.67	2.33	3.00	2.33	1.00	2.33	2.00	2.00	1.67	1.67
	6	3.00	3.00	2.50	3.00	2.00	3.00	2.67	2.50	3.00	2.00
2	1	3.00	3.00	3.50	2.00	3.00	3.3	2.00	2.50	2.67	2.33
	2	2.00	3.67	3.50	2.67	2.67	2.00	2.67	3.00	3.00	2.67
	3	3.00	4.00	1.00	2.00	2.00	3.33	2.00	3.00	3.67	1.00
	4	2.67	1.67	2.00	2.00	3.33	2.67	2.67	2.50	3.00	3.33
	5	1.00	2.00	2.00	3.33	3.00	2.67	2.00	3.50	2.33	2.00
	6	4.00	3.00	2.50	2.00	1.67	2.00	3.00	2.00	3.33	2.67
3	1	3.00	2.00	3.00	2.67	2.67	2.33	2.67	3.00	3.33	3.00
	2	2.00	2.33	3.00	2.33	2.00	3.33	2.33	3.00	2.00	4.00
	3	3.00	3.00	2.50	2.00	3.33	3.00	2.00	1.50	2.00	2.00
	4	2.60	3.33	3.50	4.00	3.33	3.67	3.00	2.00	1.67	2.33
	5	2.00	1.00	2.00	1.67	2.33	2.00	1.67	2.50	1.33	2.67
	6	3.33	2.67	1.50	3.00	2.00	1.67	2.67	3.50	2.67	3.33
4	1	2.60	2.00	3.00	3.00	2.67	3.00	3.00	2.00	3.00	2.00
	2	2.00	3.67	2.50	2.67	1.67	2.33	1.67	2.50	2.00	3.00
	3	3.00	3.00	2.50	2.33	3.33	2.67	3.33	3.00	2.67	1.67
	4	2.33	2.00	2.00	1.67	2.67	3.00	2.33	3.00	1.33	2.00
	5	1.80	1.67	1.00	2.00	2.33	2.67	3.00	2.50	2.00	3.67
	6	3.67	2.33	3.00	3.33	3.00	2.33	2.67	1.00	3.33	2.33

聘请 5 位专家分别对一致性匹配影响因素和互补性匹配影响因素进行判断比较。此处，得到组织 O_1 的 5 个一致性匹配影响因素梯形模糊数互补判断矩阵：

$$q_{11}^{O_1}=\left\{\begin{matrix}(0.5,0.5,0.5,0.5) & (0.2,0.4,0.4,0.5) & (0.3,0.3,0.4,0.9) & (0.4,0.4,0.5,0.6)\\(0.5,0.6,0.6,0.8) & (0.5,0.5,0.5,0.5) & (0.6,0.6,0.7,0.9) & (0.2,0.4,0.5,0.7)\\(0.1,0.6,0.7,0.7) & (0.1,0.3,0.4,0.4) & (0.5,0.5,0.5,0.5) & (0.4,0.6,0.6,0.7)\\(0.4,0.5,0.6,0.6) & (0.3,0.5,0.6,0.8) & (0.3,0.4,0.4,0.6) & (0.5,0.5,0.5,0.5)\end{matrix}\right\}$$

$$q_{12}^{O_1}=\left\{\begin{matrix}(0.5,0.5,0.5,0.5) & (0.3,0.3,0.5,0.6) & (0.3,0.6,0.6,0.7) & (0.3,0.4,0.5,0.5)\\(0.4,0.5,0.7,0.7) & (0.5,0.5,0.5,0.5) & (0.2,0.4,0.4,0.6) & (0.3,0.4,0.4,0.7)\\(0.3,0.4,0.4,0.7) & (0.4,0.6,0.6,0.8) & (0.5,0.5,0.5,0.5) & (0.4,0.5,0.6,0.9)\\(0.5,0.5,0.6,0.7) & (0.3,0.6,0.6,0.7) & (0.1,0.4,0.5,0.6) & (0.5,0.5,0.5,0.5)\end{matrix}\right\}$$

$$q_{13}^{O_1}=\left\{\begin{matrix}(0.5,0.5,0.5,0.5) & (0.3,0.4,0.5,0.6) & (0.4,0.4,0.5,0.6) & (0.4,0.4,0.6,0.6)\\(0.4,0.5,0.6,0.7) & (0.5,0.5,0.5,0.5) & (0.6,0.7,0.8,0.9) & (0.3,0.4,0.5,0.6)\\(0.4,0.5,0.6,0.6) & (0.1,0.2,0.3,0.4) & (0.5,0.5,0.5,0.5) & (0.3,0.5,0.6,0.6)\\(0.4,0.4,0.6,0.6) & (0.4,0.5,0.6,0.7) & (0.4,0.4,0.5,0.7) & (0.5,0.5,0.5,0.5)\end{matrix}\right\}$$

$$q_{14}^{O_1}=\left\{\begin{matrix}(0.5,0.5,0.5,0.5) & (0.2,0.5,0.6,0.7) & (0.4,0.5,0.6,0.9) & (0.2,0.5,0.5,0.8)\\(0.3,0.4,0.5,0.8) & (0.5,0.5,0.5,0.5) & (0.4,0.6,0.7,0.7) & (0.3,0.4,0.4,0.4)\\(0.1,0.4,0.5,0.6) & (0.3,0.3,0.4,0.6) & (0.5,0.5,0.5,0.5) & (0.4,0.4,0.5,0.6)\\(0.2,0.5,0.5,0.8) & (0.6,0.6,0.6,0.7) & (0.4,0.5,0.6,0.6) & (0.5,0.5,0.5,0.5)\end{matrix}\right\}$$

$$q_{15}^{O_1}=\left\{\begin{matrix}(0.5,0.5,0.5,0.5) & (0.3,0.5,0.6,0.6) & (0.4,0.4,0.6,0.7) & (0.3,0.4,0.6,0.6)\\(0.4,0.4,0.5,0.7) & (0.5,0.5,0.5,0.5) & (0.4,0.5,0.7,0.8) & (0.2,0.4,0.5,0.5)\\(0.3,0.4,0.6,0.6) & (0.2,0.3,0.5,0.6) & (0.5,0.5,0.5,0.5) & (0.3,0.3,0.5,0.5)\\(0.4,0.4,0.6,0.7) & (0.5,0.5,0.6,0.8) & (0.5,0.5,0.7,0.7) & (0.5,0.5,0.5,0.5)\end{matrix}\right\}$$

根据 3.2.3 小节中的式(3.3)，整理综合各决策者的偏好信息为

$$q_{ij}^{O_1}=\left\{\begin{matrix}(0.50,0.50,0.50,0.50) & (0.26,0.42,0.52,0.60) & (0.36,0.44,0.54,0.76) & (0.32,0.42,0.54,0.62)\\(0.48,0.58,0.64,0.74) & (0.50,0.50,0.50,0.50) & (0.44,0.56,0.66,0.78) & (0.26,0.40,0.46,0.58)\\(0.24,0.46,0.56,0.64) & (0.22,0.34,0.44,0.56) & (0.50,0.50,0.50,0.50) & (0.36,0.46,0.56,0.66)\\(0.38,0.46,0.58,0.68) & (0.42,0.54,0.60,0.74) & (0.34,0.44,0.54,0.64) & (0.50,0.50,0.50,0.50)\end{matrix}\right\}$$

根据式(3.4)，计算各指标的模糊评价值为

$$\widetilde{v}_1^{O_1}=(0.144,0.207,0.283,0.413)$$

$$\widetilde{v}_2^{O_1}=(0.162,0.226,0.296,0.433)$$

$$\widetilde{v}_3^{O_1}=(0.132,0.205,0.278,0.393)$$

$$\widetilde{v}_4^{O_1}=(0.164,0.226,0.299,0.427)$$

根据式(3.5)，计算各指标的模糊评价值的期望：

$$I(\widetilde{v}_1^{O_1})=0.262，\ I(\widetilde{v}_2^{O_1})=0.279，\ I(\widetilde{v}_3^{O_1})=0.252，\ I(\widetilde{v}_4^{O_1})=0.279$$

根据式(3.6)，计算各指标的权重：

$$\alpha_1^{\sim O_1}=0.24,\ \alpha_2^{\sim O_1}=0.26,\ \alpha_3^{\sim O_1}=0.24,\ \alpha_4^{\sim O_1}=0.26$$

即设计小组 O_1 一致性匹配中各影响因素：价值观、组织目标、组织文化、组织规范的权重分别为0.24、0.26、0.24、0.26。

类似地，计算出设计小组 O_1 互补性匹配中各影响因素的权重为

$$\beta_1^{O_1}=0.31,\ \beta_2^{O_1}=0.35,\ \beta_3^{O_1}=0.34$$

同理，可以根据以上原理与方法，分别计算出其他组织 O_2、O_3、O_4 的一致性匹配影响因素权重和互补性影响因素权重，如表3.5所示。

表3.5　基于组织角度考虑的设计人员与组织匹配影响因素权重值分布表

组织	一致性匹配 X^O				汇总	互补性匹配 Y^O			汇总
	α_1	α_2	α_3	α_4		β_1	β_2	β_3	
O_1	0.24	0.26	0.24	0.26	1	0.31	0.35	0.34	1
O_2	0.25	0.24	0.28	0.23	1	0.36	0.35	0.29	1
O_3	0.22	0.24	0.22	0.32	1	0.27	0.35	0.38	1
O_4	0.28	0.28	0.22	0.22	1	0.37	0.34	0.29	1

由于各组织对于一致性匹配和互补性匹配要求的不同，由专家对各组织中一致性和互补性的权重进行打分，得到打分表，如表3.6所示。

表3.6　组织一致性匹配与互补性匹配权重分布表

组织	一致性匹配 u	互补性匹配 v
O_1	0.46	0.54
O_2	0.40	0.60
O_3	0.48	0.52
O_4	0.65	0.35

从表3.5和表3.6可以计算出基于组织角度的产品创新设计人员与组织匹配影响因素权重表，如表3.7所示。

表 3.7 基于组织角度的产品创新设计人员与组织匹配影响因素权重表

组织	一致性匹配				互补性匹配			汇总
	价值观	组织目标	组织文化	工作态度	智力水平	通用能力	专业技能	
O_1	0.110	0.120	0.110	0.120	0.167	0.189	0.184	1
O_2	0.100	0.096	0.112	0.092	0.216	0.210	0.174	1
O_3	0.106	0.115	0.106	0.154	0.140	0.182	0.198	1
O_4	0.182	0.182	0.143	0.143	0.130	0.119	0.102	1

根据 3.2 节中产品创新设计人员与组织匹配契合度模型，计算各组织与各匹配候选人员之间的匹配契合度，结果如表 3.8 所示。

表 3.8 基于组织角度的人员与组织匹配契合度表

组织	人员					
	P_1	P_2	P_3	P_4	P_5	P_6
O_1	2.867	1.968	2.436	2.669	2.094	2.742
O_2	2.853	2.651	2.459	2.580	2.379	2.455
O_3	2.601	2.502	2.642	3.370	1.815	2.391
O_4	2.702	2.434	2.870	2.252	1.985	2.934

类似地，运用同样的方法计算出 6 个人员(P_1，P_2，P_3，P_4，P_5，P_6)的一致性匹配与互补性匹配影响因素的权重值，如表 3.9 所示。

表 3.9 基于人员角度考虑的人员与组织匹配影响因素权重值

人员	一致性匹配 X^P				汇总	互补性匹配 Y^P			汇总
	γ_1	γ_2	γ_3	γ_4		δ_1	δ_2	δ_3	
P_1	0.31	O.22	0.25	0.22	1	0.38	0.25	0.37	1
P_2	0.25	0.27	0.25	0.23	1	0.35	0.35	0.30	1
P_3	0.24	0.24	0.26	0.26	1	0.32	0.34	0.34	1
P_4	0.30	0.29	0.21	0.20	1	0.26	0.33	0.41	1
P_5	0.25	0.26	0.26	0.23	1	0.31	0.36	0.33	1
P_6	0.18	0.20	0.18	0.44	1	0.41	0.29	0.30	1

基于人员角度的一致性匹配和互补性匹配的权重分布表如表 3.10 所示。

表 3.10 基于人员角度的一致性匹配和互补性匹配权重分布表

人员	一致性匹配 φ	互补性匹配 ψ
P_1	0.30	0.70
P_2	0.36	0.64

续表

人员	一致性匹配 φ	互补性匹配 ψ
P_3	0.50	0.50
P_4	0.60	0.40
P_5	0.45	0.55
P_6	0.64	0.36

从表3.9和表3.10可以计算出基于人员角度的设计人员与组织匹配影响因素权重列表，如表3.11所示。

表3.11　基于人员角度的设计人员与组织匹配影响因素权重列表

人员	一致性匹配 X^P				互补性匹配 Y^P			汇总
	价值观	组织目标	组织文化	工作态度	组织创新环境	员工职业发展平台	员工薪酬模式	
P_1	0.093	0.066	0.075	0.066	0.266	0.175	0.259	1
P_2	0.090	0.097	0.090	0.083	0.224	0.224	0.192	1
P_3	0.120	0.120	0.130	0.130	0.160	0.170	0.170	1
P_4	0.180	0.174	0.126	0.120	0.104	0.132	0.164	1
P_5	0.113	0.117	0.117	0.104	0.171	0.198	0.182	1
P_6	0.115	0.128	0.115	0.282	0.148	0.104	0.108	1

基于以上数据，可以得到基于人员角度的产品创新设计人员与组织匹配契合度列表，如表3.12所示。

表3.12　基于人员角度的产品创新设计人员与组织匹配契合度表

人员	组织			
	O_1	O_2	O_3	O_4
P_1	3.017	2.607	2.970	2.372
P_2	2.613	2.929	2.757	2.567
P_3	2.556	2.576	2.225	2.566
P_4	2.434	2.465	2.779	2.035
P_5	2.140	2.346	1.923	2.210
P_6	2.761	2.627	2.898	2.751

3.4　本 章 小 结

本章所提出的创新设计人员与组织匹配模型将关键影响因素分为一致性

匹配影响因素和互补性匹配影响因素。基于匹配测度模型研究的需要，对定性的关键匹配影响因素运用间接测度的方法进行了量化处理，并通过梯形模糊数互补判断矩阵对专家评分进行处理计算出各关键影响因素的权重，最后构建了产品创新设计人员与组织匹配契合度模型，为人员与组织单边匹配和双边匹配奠定基础。

4 产品创新设计人员与组织单向匹配研究

本章首先分析产品创新设计人员与组织匹配的过程，提出基于设计人员和设计组织视角的两种单向匹配问题，并对该问题进行详细阐述；其次，以产品创新设计人员与组织匹配契合度模型为基础，分别建立基于设计人员和设计组织视角的产品创新设计人员与组织单向匹配模型；再次，基于自适应遗传算法对单向匹配模型进行求解；最后，通过案例研究，验证模型和算法的可行性及有效性。

本书第 3 章给出了基于设计人员和设计组织视角的人员与组织的匹配契合度矩阵，矩阵中每个元素直观地反映了单个设计人员与单个设计组织之间的匹配契合度。而产品创新设计中人员与组织匹配是一个涉及多人、多组织的问题，其最终目标是实现设计人员与设计组织整体匹配契合度最大，即所有设计人员特征(如个性、价值观、目标等)与设计组织特征(如组织文化、价值观、目标等)等方面具有一致性；设计人员的能力和需要与设计组织的资源和需求等方面具有互补性，才能促使设计人员与设计组织达到整体匹配最佳。

在产品创新设计人员与组织匹配过程中，设计人员和组织都期望选择理想的匹配对象。然而在实际应用过程中，由于自身利益不同，两者对一致性匹配和互补性匹配重要性要求不一致，此时，需基于现实情况选择一个视角满足设计人员与设计组织的匹配需求。另外，现实生活中存在一些特殊类型组织，如军事化或半军事化组织，其强调的是执行力，在设计人员与设计组织匹配问题上，应基于设计组织视角考虑，尽量满足设计组织的需求。但对于一些高新技术企业而言，为了给员工提供一个融洽的工作环境，便于设计人员充分发挥创新思维，应基于设计人员视角考虑，尽量满足设计人员的需求。此外，在企业招聘时，由于新员工对组织文化、目标、制度等了解不够深入，从而对一致性匹配和互补性匹配权重的选择可能出现偏差，在此情况下，若同时基于设计人员和设计组织的视角考虑产品创新设计人员与组织的匹配问题，可能会影响分析结果的准确性。

基于此，本章提出产品创新设计人员与组织单向匹配的概念，通过设计人员与组织单向匹配的研究，为特殊企业背景下产品创新设计人员与组织匹配问题提供解决思路。

4.1 设计人员与组织单向匹配问题描述

4.1.1 基于组织视角的单向匹配问题描述

人力资源是设计组织各项活动中最重要的资源，设计组织的运作需要依靠设计人员来推动。然而对于设计组织来说，仅有人力资源的堆积是不够的，而是要做到事得其人、人尽其才，使人力资源得到有效的配置和良好的发挥[134]。因此，设计组织在招聘过程中如何募得与组织匹配契合度较高且适合组织发展的设计人员，是企业人力资源管理的关键。在招聘过程中，由于设计人员对组织的文化、目标、制度等了解不够深入，设计组织只能从自身的角度，通过科学的手段和方法，为设计组织甄选出适合组织发展的设计人员，进而提升设计组织绩效，为组织赢得更多的竞争优势，促进组织的发展。

目前企业在招聘选拔过程中，主要采用结构化面试的方法来考察候选人与组织是否匹配，考察内容主要为候选人的价值观、目标与组织的价值观、目标之间的一致性，虽然研究发现结构化面试是评价候选人与组织匹配的最有效方法之一[135]，但在面试过程中，往往只强调个人价值观、目标与组织价值观、目标一致性的判断，却忽略了个性特征与组织氛围的匹配程度，从而导致匹配结果的片面性和局限性。

另外，一致性匹配给设计人员和设计组织带来的影响也是不同的。大量研究发现，人与组织较高的一致性匹配会提高人员的工作满意度和工作绩效，降低离职率；但对创新性要求比较高的组织来说，人员与组织较高的一致性匹配可能使组织变得无效率和缺乏创新，甚至无法灵活应对外界环境的变化。因此，当设计组织缺乏创新活力时，设计人员和设计组织从自身利益出发，对一致性匹配的要求不一致，设计人员希望通过较高的一致性匹配来提高工作绩效，而设计组织则希望降低一致性匹配的权重，从而消除人员与组织匹配过度一致产生的一系列问题，如设计人员过于从众、安于现状和对外界环境的变化不能快速响应等。

基于以上分析，本章将建立基于组织视角的设计人员与设计组织单向匹配模型，为组织招聘和发展提供一个全面、可靠的匹配方法，提高匹配结果的准确性，进而为组织募得合适人选，提高组织的创新能力和环境适应能力，促进组织发展。

4.1.2 基于人员视角的单向匹配问题描述

事实上，设计组织在选择合适的设计人员的同时，设计人员也在选择合适的设计组织。在产品创新设计人员与组织匹配过程中，设计人员对自我需求与设计组织所具备的资源进行分析，更倾向于选择能满足自身期望的设计组织。因此，充分考虑设计人员的需求对产品创新设计人员与组织匹配过程进行研究是不可忽视的内容。

在产品创新设计过程中，一方面，由于产品创新人才素质的不断提高，设计人员工作的独立性和自主性不断加强，自我期望增强。当设计人员发现自己的个性、价值观、目标等与组织的文化、价值观、目标等不相适应，知识、技能和能力与组织的要求不相符合，或者组织的工作环境、薪酬水平等不能达到自身的要求时，设计人员对于设计组织的满意度会降低，进而可能流向其他设计组织。另一方面，随着以人为本管理理念的不断推广，设计人员作为设计组织的核心资源，越来越受到关注。在产品创新设计人员与组织匹配过程中，设计人员的想法、理念对于匹配契合度的影响越来越大，忽视设计人员对设计组织的接纳程度，将会导致设计人员对设计组织的忠诚度降低，设计组织无法长期留住人才。

因此，为避免组织中设计人员出现负面情绪多、工作绩效差或离职人数增多的情况，本章将基于设计人员视角，对产品创新设计人员与组织匹配问题进行研究，以期提高产品创新过程中设计人员与组织的匹配契合度，激发设计人员的工作热情和创造力，进而提高设计人员工作满意度和工作绩效。

4.2　设计人员与组织单向匹配模型构建及求解

基于上述对产品创新设计人员与组织单向匹配问题的分析，本章将分别从设计组织与设计人员的角度出发，建立相应的产品创新设计人员与组织单向匹配模型，并给出相应的模型求解方法，来满足不同设计组织和不同设计人员对于人员与组织匹配的需求。

4.2.1　单向匹配模型

1. 基于组织视角的单向匹配模型

根据 4.1.1 小节对基于组织视角的单向匹配描述，构建基于组织视角的单向匹配模型，以实现基于组织视角的设计人员与组织整体匹配契合度最大。具体模型如下：

$$\max W_1 = \sum_{i=1}^{m}\sum_{j=1}^{n}\left(f_{ij}s_{ij}\right) \tag{4.1}$$

$$\text{s.t.} \ \sum_{i=1}^{m}s_{ij} \leqslant 1 \tag{4.2}$$

$$\sum_{j=1}^{n} s_{ij} = 1 \tag{4.3}$$

$$s_{ij} = 0或1，\ i = 1,2,\cdots,m;\ j = 1,2,\cdots,n \tag{4.4}$$

其中，W_1为基于组织视角的设计人员与设计组织整体匹配契合度；f_{ij}为基于组织视角的产品创新设计组织O_i与设计人员P_j的匹配契合度；s_{ij}为 0 或 1 选择变量，其取值如下：

$$s_{ij} = \begin{cases} 1, & 设计组织i选择设计人员j作为匹配对象 \\ 0, & 设计组织i没有选择设计人员j作为匹配对象 \end{cases}$$

约束条件式(4.2)表示对于设计人员P_j而言，最多只能有一个设计组织与其匹配；约束条件式(4.3)表示对于设计组织O_i而言，在一次匹配过程中，有且只能有一个设计人员与其匹配。

2. 基于人员视角的单向匹配模型

根据 4.1.2 小节对基于人员视角的单向匹配描述，构建基于人员视角的单向匹配模型，以实现基于人员视角的设计人员与组织整体匹配契合度最大。具体模型如下：

$$\max W_2 = \sum_{i=1}^{m}\sum_{j=1}^{n}\left(t_{ij}e_{ij}\right) \tag{4.5}$$

$$\text{s.t.} \sum_{i=1}^{m} e_{ij} \leqslant 1 \tag{4.6}$$

$$\sum_{j=1}^{n} e_{ij} = 1 \tag{4.7}$$

$$e_{ij} = 0或1,\quad i = 1,2,\cdots,m;\ j = 1,2,\cdots,n \tag{4.8}$$

其中，目标函数W_2为基于人员视角的设计人员与设计组织的整体匹配契合度；t_{ij}为基于人员视角的产品创新设计组织O_i与设计人员P_j的匹配契合度；e_{ij}为 0 或 1 选择变量，其取值如下：

$$e_{ij} = \begin{cases} 1, & 设计人员j选择设计组织i作为匹配对象 \\ 0, & 设计人员j没有选择设计组织i作为匹配对象 \end{cases}$$

约束条件式(4.6)表示对于设计人员 P_j 而言，最多只能有一个设计组织与其匹配；约束条件式(4.7)表示对于设计组织 O_i 而言，在一次匹配过程中，有且只能有一个设计人员与其匹配。

4.2.2　单向匹配模型求解

产品创新设计人员与组织单向匹配模型是一个涉及多人、多组织的复杂系统组合优化问题，针对这种复杂组合优化问题，常用的求解方法主要包括遗传算法、禁忌搜索法、蚁群算法、人工神经网络算法等。

1. 遗传算法

遗传算法是一种借鉴生物遗传学和进化论中的“物竞天择、适者生存”理论，通过自然选择和自然遗传、变异等作用机制的随机化搜索算法。其基本原理是对经过编码的个体组成的种群进行操作，每个个体作为染色体的实体，而染色体是由不同的基因组合而成，因此首先需要根据问题解或者数学模型的特点，将问题的潜在解映射为具有一定基因形态的个体，即对问题进行编码操作，产生初始种群，然后通过选择、交叉、变异等操作逐渐靠近最优解。遗传算法比较简单、通用性比较好，可以同时在多点进行信息搜索，有较好的全局搜索能力，但是局部寻优能力较差，容易陷入局部最优的早熟状态。

1)运算过程

求函数最大值的优化问题(求函数最小值也类同)一般可以用以下数学规划模型描述：

$$\max f(x) \tag{4.9}$$

$$\text{s.t. } x \in R \tag{4.10}$$

$$R \subset U \tag{4.11}$$

式(4.9)为目标函数式，式(4.10)、式(4.11)为约束条件，其中 x 是决策变量，U 是基本空间，R 是 U 的子集。满足约束条件的解 x 为可行解，所有满足约束条件的解所组成的集合，称为可行解集合，用 R 表示[136]。

遗传算法的基本运算过程如下所示[137]。

(1)初始化：将进化代数计数器 t 设置为 0，并设置最大进化代数 T，随机生成 M 个个体作为初始群体 $P(0)$。

(2)个体评价：计算群体 $P(t)$ 中各个个体的适应度。

(3)选择运算：对群体进行选择操作。根据群体中个体的适应度评估结果把优化的个体或通过配对交叉产生新的个体遗传到下一代。

(4) 交叉运算：对群体进行交叉操作。交叉算子在遗传算法中起核心作用。

(5) 变异运算：对群体进行变异操作，即变动群体中的个体串的某些基因座上的基因值。群体 $P(t)$ 经过选择、交叉、变异运算之后将得到下一代群体 $P(t+1)$。

(6) 终止条件判断：若 $t=T$，则输出进化过程中所得到的具有最大适应度个体，将其作为最优解，终止计算。

2) 遗传算法的特点

在解决搜索问题方面，遗传算法是一种通用算法。搜索算法有四个共同特征：①首先组成一组候选解；②根据适应性条件测算候选解的适应度；③依据适应度保留某些候选解，放弃其余候选解；④对保留的候选解进行操作，使其生成新的候选解。

在遗传算法中，上述四个特征组合在一起：依据染色体群进行并行搜索，选择操作、交叉操作和变异操作均带有猜测性质。这种特殊的组合方式将遗传算法与其他搜索算法区别开来。

3) 基本框架

第一，编码。对于问题空间的参数，遗传算法并不能直接处理，必须把它们转换成遗传空间的染色体或个体，这些染色体或个体是由基因按一定结构组成的。这一转换操作被称作编码，也可以称为(问题的)表示(representation)[137]。

评估编码策略常采用的规范为以下三个：①完备性(completeness)，问题空间的所有解均可以用染色体表示；②健全性(soundness)，遗传算法空间中的点(染色体)可以代表问题空间中的所有点(候选解)；③非冗余性(nonredundancy)，候选解和染色体一一对应。

目前常用浮点数编码、字符编码、二进制编码等几种编码技术。在遗传算法中，目前最常用的编码方法是二进制编码，即问题空间的候选解由二进制 0、1 字符串表示。二进制编码具有以下特点：①遵循最小字符集编码原则；②简单易行；③便于用模式定理进行分析[138]。

第二，适应度函数(fitness function)。适应度表示某个个体对环境的适应能力，适应度反映了该个体繁殖后代的能力，遗传算法的适应度函数作为一个评判指标，通过适应度函数可以判断群体中的个体的优劣程度[137]。

在搜索进化过程中，遗传算法一般是不需要其他外部信息的，仅用评估函数就可以评估个体或解的优劣，为后续遗传操作提供依据。在遗传算法中，对适应度函数比较排序，基于排序结果计算选择概率，因而适应度函数的值应该取正值，由此可见，在不少场合，将目标函数映射为求最大值形式且适应度函数值非负是必要的[138]。

以下四个条件是设计适应度函数需要满足的：①非负、连续、单值、最大化；②计算量小；③通用性强；④合理、一致性[138]。

遗传算法的性能受适应度函数设计的影响，因而适应度函数的设计要结合具体求解问题本身的要求而定。

第三，初始种群选取。随机产生初始种群的个体，通常可采取如下的策略设定初始种群：第一种，根据问题的固有知识，尽可能确定最优解所在的分布范围，然后，将初始种群设定在此分布范围内；第二种，随机生成一定数目的个体，接着挑出最好的个体，并将其放到初始种群中，逐步迭代，直至初始种群中个体数达到预定的规模[137]。

4)一般算法

遗传算法包括五个步骤，这些步骤如下所示。

步骤 1：建立初始状态。从解中随机选择出初始种群(染色体或基因)，将该种群作为第一代。

步骤 2：评估适应度。可以指定每一个解(染色体)的适应度，适应度是根据问题求解的实际接近程度来指定的。

步骤 3：繁殖。突变会发生在子代繁殖的过程中。较高适应度值的染色体产生后代的概率比较大。后代是杂交的产物，是由来自父母的基因结合而成。

步骤 4：假如新的一代包含一个充分接近或等于期望答案的解，那么繁殖结束，否则，新的一代将继续重复繁衍过程，逐代演化下去，直至找到期望的解。

步骤 5：并行计算。在并行计算和群集环境中，应用遗传算法很容易。一种方法是将一个节点作为一个并行的种群，然后根据不同的繁殖方法将有机体从一个节点迁移到另一个节点；另一种方法是“农场主/劳工”体系结构，指定一个节点为“农场主”节点，其余节点作为“劳工”节点，“农场主”节点负责选择有机体和分派适应度的值，“劳工”节点负责重新组合、变异和评估适应度函数。

2. 蚁群算法

蚁群算法是一种启发式仿生算法，是受到蚁群行为启发而提出的一种并行、自适应的群智能进化算法。其基本思想是蚂蚁在运动过程中通过感知信息素的存在，指导自己的运动方向，因此蚁群的集体行为便表现出一种信息正反馈现象，某一路径上走过的蚂蚁越多，则选择该路径的概率越大。目前这种方法已经被用于组合优化问题中，并取得了较好的结果。但是，由于该算法是典型的概率算法，算法中的参数设定通常由实验方法来确定，算法的优化性能与人的经验密切相关，难以使算法性能达到最优。同时，蚁群算法的局部搜索能力较弱，容易出现停滞和局部收敛及收敛速度较慢的问题，在解的构造上面往往也需要花费较长的时间，从而导致搜索时间过长[139]。

1)蚁群算法的基本原理

蚂蚁是群居动物，每只蚂蚁都是一个行为极其简单的个体，但蚁群的行为特征极其复杂，由这些简单的个体所组成的蚁群能够完成复杂的任务。更重要的是，蚂蚁能够快速适应环境的变化，当障碍物突然出现在蚁群运动路线上时，蚂蚁能很快地重新找到最优路径。经过研究发现，蚂蚁个体之间是通过外激素(pheromone)进行信息传递的，从而相互协作，完成复杂任务。蚂蚁在运动过程中会留下进行信息传递的外激素，并且它们能够感知这种外激素的存在及其强度，进而指导其运动方向。由于蚂蚁朝着物质强度高的方向移动，蚁群的集体行为便表现出一种信息正反馈现象：越多的蚂蚁在某一路径上走，后来者选择该路径的概率就越大。蚂蚁搜索食物也是通过这种信息的交流来进行的[140]。

2) 蚁群算法的特点

蚁群的觅食行为是一种分布式的协同优化机制。单只蚂蚁找到最短路径的可能性极小，然而多只蚂蚁组成的蚁群具有发现最短路径的能力。蚁群使用了一种间接的通信方式来寻找最短路径，即向所经过的路径上释放一定量的外激素，其他蚂蚁感知这种物质的强弱，并选择下一步要走的路[140]。这种个体间通过感知环境的变化来进行彼此间接通信的机制被称为协同机制 stigmergy。

蚁群算法的主要特点概括如下：①采用分布式控制；②每个个体只能感知局部的信息；③个体可改变环境，可通过环境来进行间接通信(stigmergy)；④具有自组织性；⑤是一类概率型的全局搜索方法，能够有更多的机会求得全局最优解；⑥其优化过程不依赖于优化问题本身的严格数学性质，如连续性、可导性等；⑦是一类基于多主体(multi agent)的智能算法；⑧具有潜在的并行性，其搜索过程是从多个点同时进行。分布式多智能体的异步并发协作过程将大大提高整个算法的运行效率和快速反应能力[140]。

3) 蚁群算法的基本模型

蚁群算法最先用于求解旅行商问题(traveling salesman problem)，而且取得了较好的效果，下面以旅行商问题为例，说明蚁群算法的基本模型。

(1) 旅行商问题。旅行商问题的描述为：给定 n 个城市的集合 $\{1,2,3,\cdots,n\}$ 及城市之间的距离 $d_{ij}\left(1\leqslant i\leqslant n,1\leqslant j\leqslant n,i\neq j\right)$，让旅行商从某个城市到其他各个城市推销商品，最后回到出发地。旅行商问题的目标则是寻找经过 n 个城市各一次，最后回到出发地的最短路径。

(2) 蚁群算法求解旅行商问题的基本模型。

步骤 1：初始时刻 $t=0$，将 m 只蚂蚁随机放置在 n 个城市，初始时刻每条边的信息素浓度相同 $\tau_{ij}(0)=c$ (c 为常数)。

步骤 2：蚂蚁 $k(k=1,2,\cdots,m)$ 由路径上信息素浓度确定转移的方向，移动概率 $P_{ij}^{k}(t)$ 表示 t 时刻蚂蚁 k 由位置 i 转移到 j 的概率。

$$P_{ij}^{k}=\begin{cases}\tau_{ij}^{\alpha}(t)\eta_{ij}^{\beta}/\sum\limits_{r\in s_i^k}\left(\tau_{ir}^{\alpha}(t)\eta_{ir}^{\beta}\right), & j\in s_i^k\\ 0, & j\notin s_i^k\end{cases} \tag{4.12}$$

其中，$\tau_{ij}(t)$为t时刻路径ij上信息素浓度；η_{ij}为启发信息，旅行商中η_{ij}一般定义为$1/d_{ij}$，表示i,j之间距离越短，那么转移概率就越大；α、β为常数，分别表示信息素浓度相对重要性及启发信息相对重要性；s_i^k为蚂蚁k在i点可行的邻域，即还没有访问的城市集合。

步骤3：每只蚂蚁经过n个时刻访问完全部n个城市后，根据下述原则更新信息素浓度：

$$\tau_{ij}(t+n)=\rho\tau_{ij}(t)+\sum_{m=1}^{k}\Delta\tau_{ir}^{k} \tag{4.13}$$

其中，$\rho(0<\rho<1)$为原信息素浓度保留程度；$\Delta\tau_{ir}^{k}$为蚂蚁k在本次循环中在路径ij上留下的信息素浓度，当蚂蚁k在本次循环中经过ij，则$\Delta\tau_{ir}^{k}=Q/L_k$，其中$Q$为常数，$L_k$表示蚂蚁$k$在本次循环中选择的路径长度，如果蚂蚁$k$在本次循环种未经过$ij$，则$\Delta\tau_{ir}^{k}=0$。

步骤4：重复步骤2、步骤3若干次，当迭代次数达到预定的最大次数或m只蚂蚁都选择了同一路径时，终止整个程序[141]。

3. 人工神经网络算法

人工神经网络算法是通过模拟人脑的信息处理机制，来对数值数据进行处理，同时还具有处理知识的思维、学习和记忆能力。人工神经网络是由许多简单的神经元组成并行互连的网络，其通过模拟生物神经系统的真实世界物体而做出交互反应，具有高度的非线性处理能力，可以充分逼近任意复杂的非线性关系，具有很好的容错性，并具有大规模并行处理的功能，能有效提高运算效率，同时可学习和自适应不知道或不确定的系统，但是该方法也容易陷入局部最优状态，且收敛速度较慢[142]。

1) 人工神经网络算法模型

在生物学中，一个生物神经元由一个细胞体、大量的树突和轴突构成。神经元通过轴突的长纤维将电化学脉冲从一个神经元送到另一个神经元。这些脉冲沿轴突传播，直到达到与另一个神经元连接的神经突触为止。在这一点处，由轴突终端释放的化学传递物质越过突触的间隙激励或抑制目标神经元。若来自几个突触输入的激励超过一个确定的值，目标神经元将产生它自己的一个输出脉冲[143]。

神经元是神经网络的基本处理单元，人工神经网络是模拟或学习生物神经网络(biological neural network, BNN)信息处理功能的信息处理模型。它由三个基本要素构成——连接权、求和单元、激活函数，如图 4.1 所示。

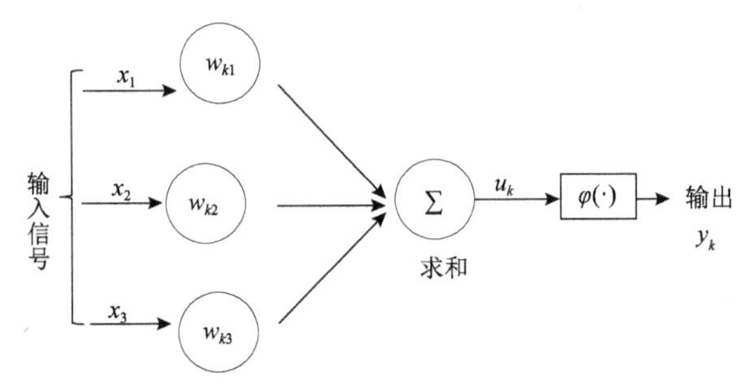

图 4.1　基本神经元模型

(1)连接权：每组输入信号输入到神经元模型后所对应的权值。权值为正数，表示神经元被激活；权值为负数，表示神经元被抑制。

(2)求和单元：输入信号与连接权相乘后，进行求和。

(3)激活函数：当输入信号的加权和超过阈值 b_k 时，非线性函数激活，并将神经元的输出控制在一定范围内。

图 4.1 表示一个多输入单输出的基本神经元模型，其中 $X=(x_1,x_2,\cdots,x_n)^{\mathrm{T}}$ 为输入信号，$W=(w_1,w_2,\cdots,w_n)^{\mathrm{T}}$ 为神经元的连接权值，u_k 为输入信号的加权和，b_k 为阈值，$\varphi(\cdot)$ 为激活函数，y_k 为输出信号[144]。其中，

$$u_k=\sum_{i=1}^{P}w_{ki}x_i \tag{4.14}$$

$$y_k=\varphi(u_k-b_k) \tag{4.15}$$

激活函数 $\varphi(\cdot)$ 将输入信号的加权和阈值 b_k 的差值进行非线性映射，映射结果 y_k 作为输出信号，一般限制在一定范围内(如(0，1)或者(–1,1)之间)。激活函数一般有以下几种形式。

第一，阈值函数：

$$\varphi(v_k)=\begin{cases}1, & v_k\geqslant 0\\ 0, & v_k<0\end{cases} \tag{4.16}$$

其中，$v_k=u_k-b_k$。

输出信号：

$$y_k = \begin{cases} 1, & v_k \geqslant 0 \\ 0, & v_k < 0 \end{cases} \tag{4.17}$$

其中，$v_k = u_k - b_k$。

第二，分段函数：

$$\varphi(v_k) = \begin{cases} 1, & v_k \geqslant 1 \\ \dfrac{1}{2}(1 + v_k), & -1 < v_k < 1 \\ 0, & v_k \leqslant -1 \end{cases} \tag{4.18}$$

其中，$v_k = u_k - b_k$。

第三，Sigmoid 函数：

$$\varphi(v_k) = \frac{1}{1 + \mathrm{e}^{-\alpha v_k}} \tag{4.19}$$

其中，$v_k = u_k - b_k$，参数α为斜率（$\alpha > 0$）。Sigmoid 函数一般称为 S 形函数，在人工神经网络激励函数里最为常见，输出值控制在[0,1]。

第四，双曲线正切函数：

$$\varphi(v_k) = \frac{1 - \mathrm{e}^{-v_k}}{1 + \mathrm{e}^{-v_k}} \tag{4.20}$$

其中，$v_k = u_k - b_k$。在实际应用中，有时输出值会有正有负，这时通常使用双曲线正切函数代替 S 形函数，双曲线正切函数输出值控制在[–1,1]。

2) 人工神经网络结构

神经网络由大量的神经元互相连接而成，大量神经元按不同方式连接，构成不同类型的神经元网络。按结构方式神经网络可分为两大类，即前馈型神经网络和反馈型神经网络。

(1) 前馈型神经网络。前馈型神经网络中每一层的神经元只接受前一层神经元的输出，输入模式经过各层的顺序变换后得到输出层的输出，整个过程单向传输，没有反馈。前馈型网络的节点包括输入单元和计算单元，它们是直接相连，一个计算单元可以有多个输入，但是只有一个输出，计算节点的输出可以作为其他节点的输入。通常情况下，前馈型网络有 N 个层，第 $i(1 < i \leqslant N)$ 层的输入只能与第 $i-1$ 层的输出相连接，最后一层的节点为输出节点。在人工神经网络中，输入节点负责接收外界信号，输出节点负责向外界发送信号，中间的那些层叫作隐含层。

(2) 反馈型神经网络。反馈型神经网络中的每一个节点都可以作为计算单元，这些节点均是多输入单输出，然而输出不仅可以连接到下一层作为下一层节点的输入，还可以连接到同层或者前一层作为其他节点的输入。在反馈型神经网络中，神经元节点互相连通，信号既能够正向传播，也能够反向传播。

前馈型神经网络信号传递过程主要利用函数映射，可以用于模式识别或者函数逼近。而反馈型网络信号传递过程主要是利用能量函数的极小点，主要用于联想存储器与求解最优值问题[144]。

3) 人工神经网络学习方式

人工神经网络能够获取外界信息，并按照预定好的范围不断地调节自身参数(如权值、阈值)，这使得神经网络能够不断地改善自身性能，这个过程称为训练。

人工神经网络的学习方式分为监督学习和非监督学习。

(1) 监督学习。监督学习指的是外界提供若干组输入数据和期望输出数据。神经网络根据实际输出数据和期望输出数据的差值调节相应的系统参数，最终使得实际输出数据满足相应的要求。

(2) 非监督学习。非监督学习只有外界提供的输入数据，没有相应的期望输出数据，因此非监督学习只能按照外界提供的输入数据的一些统计规律自发地调节系统参数，不能够通过计算差值来调节系统参数[144]。

4) 人工神经网络学习算法

人工神经网络的学习就是对网络自身的参数进行调整的过程。主要方法有通过计算误差的方法不停地对自身系统参数进行调整，还有根据外界的具体要求直接计算自身的系统参数。神经网络的结构和功能多样化决定了神经网络学习算法的多样性，现主要介绍几种常见的学习算法。

第一，误差纠正学习。这是一种监督学习过程，其基本思想是利用神经元希望输出与实际输出之间的偏差作为连接权调整的参考，最终减少这种偏差。设在 n 时刻，$x_k(n)$ 作为第 k 个神经元的输入，$d_k(n)$ 作为期望输出，$y_k(n)$ 作为实际输出，$e_k(n)=d_k(n)-y_k(n)$ 作为输出的误差信号。为了使实际输出值最接近期望输出值，需要设定一个以误差信号 $e_k(n)$ 为自变量的函数，称为目标函数，并且使目标函数值达到最小值。误差纠正学习因而就转化成一个求解最优值的问题。其中常见的目标函数有

$$J=E\left(\frac{1}{2}\sum_k e_k^2(n)\right) \tag{4.21}$$

其中，J 为目标函数的求期望算子，通常情况下，用 J 在 n 时刻的瞬时值 $\varepsilon(n)$ 来代替 J：

$$\varepsilon(n)=\frac{1}{2}\sum_k e_k^2(n) \tag{4.22}$$

要使得实际输出值最接近期望输出值，就需要使目标函数 $\varepsilon(n)$ 达到最小值，问题就转化成 $\varepsilon(n)$ 对权值 w 求极值的问题。其中，方法包括最陡梯度下降法，即

$$\Delta w_{kj}(n)=\eta e_k(n)x_j(n) \tag{4.23}$$

其中，η 为学习步长。

第二，Hebb 学习。Hebb 学习是心理学家 Hebb 所发明的一种学习规则，基本思想是仅根据连接的神经元的活化-改变权，即两神经元间连接权的变化与两神经元的活化值(激活值)相关，若两神经元同时兴奋，则连接加强。数学公式表示为

$$\Delta w_{kj}(n)=F\left(y_k(n),\ x_j(n)\right) \tag{4.24}$$

其中，$x_j(n)$ 为连接权 $w_{kj}(n)$ 两端神经元的输入值；$y_k(n)$ 为连接权 $w_{kj}(n)$ 两端神经元的输出值。Hebb 学习中，比较常见的算法有相关学习规则，即 $\Delta w_{kj}(n)$ 与 $x_j(n)$、$y_k(n)$ 相关成比例，用数学公式表示为

$$\Delta w_{kj}(n)=\eta y_k(n)x_j(n) \tag{4.25}$$

第三，竞争学习。竞争学习是一种无监督学习。指网络的某神经元群体中所有神经元相互竞争对外界刺激模式相应的权力，竞争取胜的神经元的连接权变化向着对这一刺激模式竞争更为有利的方向进行[144]。这种最强者被激活，弱者被抑制的学习规则被称为竞争学习，数学公式表示为

$$\Delta w_{kj}(n)=\begin{cases}\eta x_j-w_j, & \text{神经元}j\text{竞争获胜}\\ 0, & \text{神经元}j\text{竞争失败}\end{cases} \tag{4.26}$$

产品创新设计人员与组织单向匹配模型求解是一个涉及多人、多组织的复杂系统优化问题，在解决该类优化问题时，并不知道决策变量极值点的具体位置，需要在给定的决策变量的取值范围内进行全面搜索，实践证明，遗传算法对于求解组合优化问题非常有效[145]，相较于其他方法，该方法具备鲜明的优点：全局最优、良好的并行性，可操作性且计算简单。因此，本书选择遗传算法对设计人员与组织单向匹配模型进行求解。但是传统的遗传算法容易陷入局部最优状态，易出现早熟现象。因此，为提高遗传算法的性能，本章在对比上述算法优势和劣势的基础上，采用自适应遗传算法来对产品创新设计人员与组织单向匹配优化模型进行求解，该方法通过对遗传参数进行自适应调整，通过删除弱解

空间，不断对解空间进行收缩，如此循环往复缩短进化过程，从而能够有效地提高收敛速度和收敛精度。主要运算过程如下：①初始化，设置进化代数计数器 t=0，最大进化代数 T，随机生成 M 个个体作为初始群体；②编码，即在进行搜索之前先将解空间的解数据表示成遗传空间的基因型串结构数据；③个体评价，计算群体中各个个体的适应度，并统计出最大、最小及平均适应度值；④选择，采用轮盘赌法从当前群体中选出优良个体，使之作为父代繁殖子孙；⑤交叉，构造自适应交叉概率函数并执行交叉操作；⑥变异，构造自适应变异概率函数并执行变异操作；⑦终止条件判断，若 t=T，则以进化过程中所得到的最大适应度个体作为最优解输出，终止计算[146]。

其求解过程如图 4.2 所示。

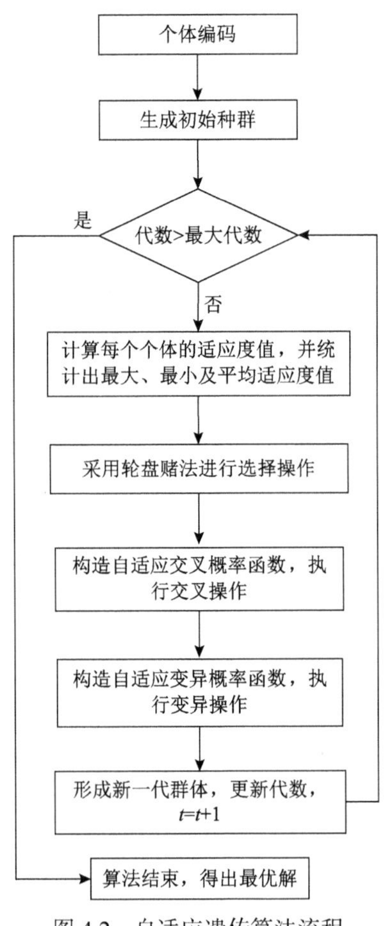

图 4.2　自适应遗传算法流程

算法的具体实现过程如下。

步骤 1：编码。

针对 m 个设计组织、n 个设计人员的单向匹配问题，设定 n 大于 m，这里采用二进制编码方法。每个染色体的长度是 $m\times n$，其中 m 表示每个染色体包含 m 个基因段，每一个基因段表示一个设计组织；n 表示每个基因段上包含 n 个基因位，每个基因位表示一个设计人员，基因值为 1 的表示该设计组织与该设计人员进行匹配，基因值为 0 的表示该设计组织不与该设计人员匹配。进行编码时，设计组织与设计人员均按其序号顺序排成一个序列。同时，每个设计组织都要有设计人员与之匹配，并且不能出现不同设计组织与同一设计人员匹配的情况。

图 4.3 为其中一个可行的染色体编码方案，该编码方案表示设计人员 1 与设计组织 1 相匹配，其基因值为 1，没有匹配的其他的基因值均为 0。同理，设计人员 k 与设计组织 m 相匹配，其基因值为 1。

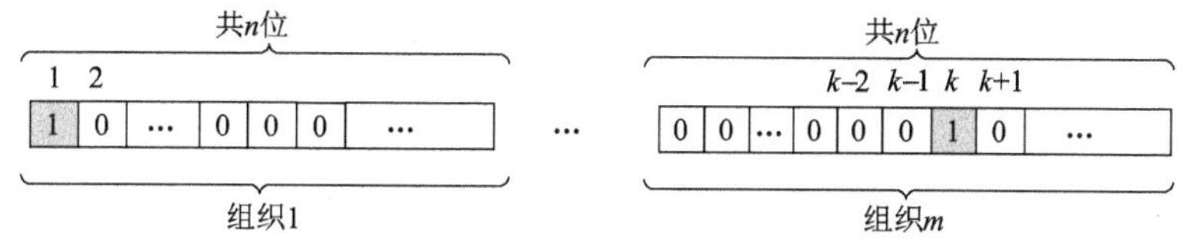

图 4.3　一个可行的染色体编码方案

步骤 2：生成初始种群。

根据设计人员与设计组织的个数，来确定种群的大小 M，也就是一代种群中所包括的染色体的个数，然后采取随机生成的方式生成初始种群。

步骤 3：构造适应度函数。

适应度函数的选取直接影响到算法的收敛速度及能否找到最优解。适应度函数一般可由目标函数变换得到，常见的有以下三种定义形式。

第一，直接将待求解的目标函数转化为适应度函数，即若目标函数为最大化问题，则适应度函数为 $f(x)=g(x)$；若目标函数为最小化问题，则适应度函数为 $f(x)=-g(x)$。

这种适应度函数简单直观，但实际应用时，不满足常用的轮盘赌法选择非负的要求，同时，某些待求解的函数值可能彼此相差悬殊，由此所求的平均适应度值可能不利于体现群体的平均性能，从而影响算法的效果。

第二，若目标函数为最小问题，则

$$f(x)=\begin{cases} c_{\max}-g(x), & g(x)<c_{\max} \\ 0, & \text{其他情况} \end{cases} \tag{4.27}$$

其中，系数$c_{\max}$为$f(x)$的最大值估计，可以是一个合适的输入值。

若目标函数为最大问题，则

$$f(x)=\begin{cases} g(x)-c_{\min}, & g(x)>c_{\min} \\ 0, & \text{其他情况} \end{cases} \tag{4.28}$$

其中，系数$c_{\min}$为$f(x)$的最小值估计，可以是一个合适的输入值。

由于参数$c_{\max}/c_{\min}$需事先预估，不可能精确，适应度函数不灵敏，影响算法的性能。

第三，若目标函数为最小问题，则

$$f(x)=\frac{1}{g(x)+c+1}, \quad c\geqslant 0, \quad g(x)+c\geqslant 0 \tag{4.29}$$

若目标函数为最大问题，则

$$f(x)=\frac{1}{c+1-g(x)}, \quad c\geqslant 0, \quad c-g(x)\geqslant 0 \tag{4.30}$$

其中，c为目标函数界限的保守估计值[147]。

由于产品创新设计人员与组织单向匹配数学模型的目标函数为设计人员与设计组织匹配契合度最大，且目标函数值都是非负的，构造基于设计人员视角的产品创新设计人员与组织匹配问题的适应度函数为

$$f(i)=\frac{1}{c-W^i+1}, \quad c\geqslant 0, \quad c-W^i\geqslant 0 \tag{4.31}$$

其中，$f(i)$为第i个染色体的适应度函数值；W^i为该染色体对应的目标函数值；c为目标函数界限的保守估计值。

基于式(4.31)，计算每个染色体的适应度值，并统计出每代群体中的最大、最小及平均适应度值，便于进行后续的选择、交叉及变异操作。

步骤4：选择操作。

本书利用轮盘赌法对编码方案进行选择操作。轮盘赌法是一种回放式随机采样方法。每个个体进入下一代的概率就等于它的适应度值与整个种群中个体适应度值和的比例，适应度值越高，被选中的可能性就越大。每个个体就像圆盘中的一个扇形部分，扇面的角度和个体的适应度值成正比，随机拨动圆盘，当圆盘停止转动时指针所在扇面对应的个体被选中[148]。图4.4为轮盘赌法的示

意图。

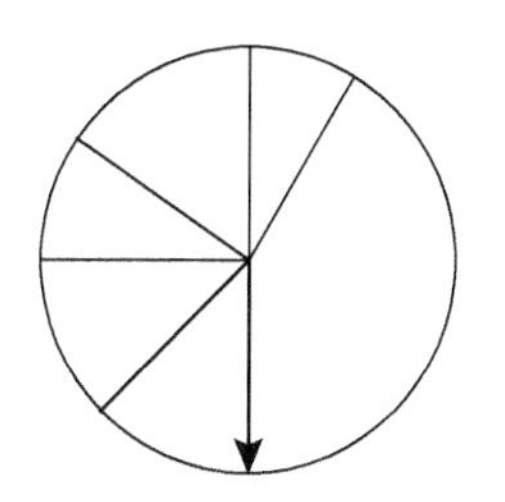

图 4.4　轮盘赌法示意图

运用轮盘赌法进行新种群选择的具体步骤如下。

首先，计算染色体的选择概率 $p_i\left(i=1,2,3\cdots\right)$。

基于轮盘赌法的基本思想，每个个体进入下一代的概率就等于它的适应度值与整个种群中个体适应度值和的比例，则其被选中的概率 p_i 为

$$p_i=\frac{f\left(i\right)}{\sum_{i=1}^{\text{popsize}}f\left(i\right)} \tag{4.32}$$

其中，popsize 为种群规模；$f\left(i\right)$ 为个体 i 的适应度值。利用式(4.32)计算每个个体的选择概率 $p_i\left(i=1,2,3\cdots\right)$。

其次，计算每个染色体 U_i 的累计概率 Q_i。染色体 U_i 的累计概率 Q_i 的计算公式如下：

$$Q_i=\sum_{j=1}^{i}p_j，\ i=1,2\cdots \tag{4.33}$$

最后，生成随机数 r，选择新种群。生成一个位于 $\left[0,1\right]$ 的随机数 r，如果 $r\leqslant Q_1$，就选择染色体 U_1；否则，选择第 i 个染色体 $U_i\left(2\leqslant i\leqslant 10\right)$，使得 $Q_{i-1}\leqslant r\leqslant Q_i$。

步骤 5：自适应交叉操作。

本书采用双点交叉方式执行交叉操作，其交叉概率采用自适应选择策略来确定。在标准遗传算法中，其交叉概率采用固定值，往往容易造成早熟与局部收敛，为了避免这个缺陷，自适应遗传算法对其交叉概率进行自适应选择，具体为：当执行交叉操作的两个染色体中较大的适应度值小于等于平均适应度值时，则它们的交叉概率自适应增加，否则，交叉概率自适应减少。在同一代中，针对不同的个体需要赋予不同的交叉概率，需要保护适应度值高的个体，对其赋予的交叉概率相应减少，而对适应度值低的个体则应该增加其交叉概率，这样则每一代群体中每一个个体有不同的交叉概率，以实现自适应交叉[149]。

假定 $f_{\max}$、$f_{\min}$、$\overline{f}$ 分别为群体的最大、最小和平均适应度值，f 为每个个体的适应度值，$P_{c\max}$、$P_{c\min}$ 分别表示群体的最大和最小交叉概率，则自适应遗传算法的交叉概率 P_c 的取值如下：

$$P_c=\begin{cases} P_{c\min}-\dfrac{f_{\max}-f}{f_{\max}-f_{\min}}\left(P_{c\max}-P_{c\min}\right), & f>\overline{f} \\ P_{c\min}+\dfrac{f_{\max}-f}{f_{\max}-f_{\min}}\left(P_{c\max}-P_{c\min}\right), & f\leqslant\overline{f} \end{cases} \tag{4.34}$$

自适应交叉操作的具体步骤如下。

首先，计算每个染色体交叉概率。应用式(4.34)，求得每个染色体的交叉概率，并统计群体中最大适应度值 $f_{\max}$、最小适应度值 $f_{\min}$、平均适应度值 $\overline{f}$。根据求解的具体问题，选取合理的 $P_{c\max}$ 和 $P_{c\min}$。

其次，选取交叉父辈。在 $[0,1]$ 随机生成 M（M 表示种群大小）个数，分别用 $r_i\left(i=1,2,\cdots,M\right)$ 表示；然后将 $r_i\left(i=1,2,\cdots,M\right)$ 与 $P_{ci}\left(i=1,2,\cdots,M\right)$ 进行比较，若 $r_i<P_{ci}$，则选择 U_i 为交叉的一个父辈。

最后，双点交叉。采用双点交叉方式执行交叉操作。其交叉过程示意图如图 4.5 所示，具体如下：①针对每一对相互交叉的个体，在 $[0,m\times n]$ 生成两个随机数，表示交叉点；②交换两个个体在所设定的两个交叉点之间的部分染色体；③当交叉产生的染色体编码不满足约束条件时，对其进行调整。

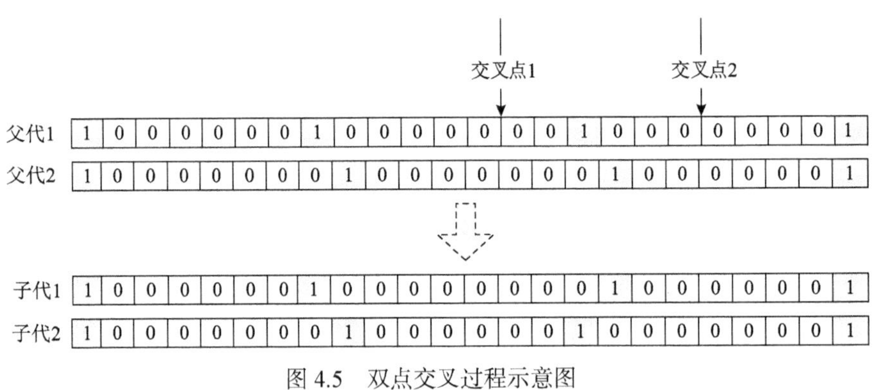

图 4.5　双点交叉过程示意图

步骤 6：自适应变异操作。

本书选择运用单点变异方式来进行变异操作，在标准的遗传算法中，变异概率常常也采用固定值，所以，其变异概率也采用自适应选择策略来确定。自适应遗传算法的变异概率 P_m 的取值如下：

$$P_m=\begin{cases}P_{m\min}-\dfrac{f_{\max}-f}{f_{\max}-f_{\min}}\left(P_{m\max}-P_{m\min}\right), & f>f'\\ P_{m\min}+\dfrac{f_{\max}-f}{f_{\max}-f_{\min}}\left(P_{m\max}-P_{m\min}\right), & f\leqslant f'\end{cases} \tag{4.35}$$

其中，$f_{\max}$、$f_{\min}$分别为群体的最大、最小适应度值；f'为变异个体的适应度值；$P_{m\max}$、$P_{m\min}$分别为群体的最大和最小变异概率[149]。

自适应变异操作的具体过程如下。

首先，计算变异概率。应用式(4.35)，求得每个染色体的变异概率，并统计群体中最大适应度值$f_{\max}$、最小适应度值$f_{\min}$、平均适应度值$\overline{f}$。根据求解的具体问题，选取合理的$P_{m\max}$和$P_{m\min}$。

其次，选取变异个体。在$[0,1]$随机生成M（M表示种群大小)个数，分别用$r_i\left(i=1,2,\cdots,M\right)$表示；然后将$r_i\left(i=1,2,\cdots,M\right)$与$P_{mi}\left(i=1,2,\cdots,M\right)$进行比较，若$r_i<P_{mi}$，则选择$U_i$为交叉的一个父辈。

最后，变异。采用单点变异方式执行变异操作。其交叉过程示意图如图 4.6 所示，步骤如下：①在$\left[0,m\times n\right]$生成一个随机数，表示变异点；②针对指定的变异点，对其基因值作反运算，即 0 变 1，1 变 0，调整非变异点基因，使其满足约束条件[150]。

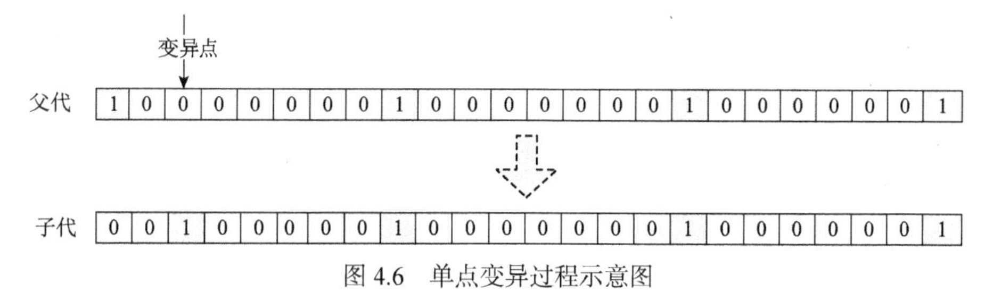

图 4.6　单点变异过程示意图

至此完成了自适应遗传算法的一步迭代过程，形成新一代群体，更新代数，$t=t+1$。如此循环，直到大于预先设定的终止代数T，输出最优解，并得到产品创新设计人员与组织单向最优匹配方案。

4.3　案 例 分 析

为验证产品创新设计人员与组织单向匹配模型及其求解算法的有效性，本书以第 3 章中的案例为背景，建立基于人员视角的产品创新设计人员与组织单向匹配模型并进行求解，得出匹配优化方案。其模型如下：

$$\max W_2 = \sum_{i=1}^{4}\sum_{j=1}^{6}(t_{ij}e_{ij}) \tag{4.36}$$

$$\text{s.t.} \quad \sum_{i=1}^{4} e_{ij} \leqslant 1, \quad j=1,2,\cdots,6 \tag{4.37}$$

$$\sum_{j=1}^{6} e_{ij} = 1, \quad i=1,2,3,4 \tag{4.38}$$

$$e_{ij} = 0\text{或}1, \quad i=1,2,3,4; j=1,2,\cdots,6 \tag{4.39}$$

其中，目标函数W_2为基于人员视角的设计组织与设计人员的整体匹配契合度；t_{ij}为基于人员视角的产品创新设计组织O_i与设计人员P_j的匹配契合度，其具体值如下：

$$\left(t_{ij}\right)_{4\times 6} = \begin{bmatrix} 3.017 & 2.607 & 2.970 & 2.372 \\ 2.613 & 2.929 & 2.757 & 2.567 \\ 2.556 & 2.576 & 2.225 & 2.566 \\ 2.434 & 2.465 & 2.779 & 2.035 \\ 2.140 & 2.346 & 1.923 & 2.210 \\ 2.761 & 2.627 & 2.898 & 2.751 \end{bmatrix}$$

e_{ij}为 0,1 选择变量，其取值如下：

$$e_{ij} = \begin{cases} 1, & \text{设计人员}j\text{选择设计组织}i\text{作为匹配对象} \\ 0, & \text{设计人员}j\text{没有选择设计组织}i\text{作为匹配对象} \end{cases}$$

约束条件式(4.37)表示对于设计人员P_j而言，最多只能有一个设计组织与其匹配；约束条件式(4.38)表示对于设计组织O_i而言，在一次匹配过程中，有且只能有一个设计人员与其匹配。

对上述模型运用本书所提出的自适应遗传算法求解。设置初始种群规模为10，最大迭代次数为 300，取$P_{c\max}=0.9$，$P_{c\min}=0.4$，$P_{m\max}=0.1$，$P_{m\min}=0.01$。采用 Matlab R2010a 进行编程计算，得到最优方案的染色体编码为$U^*=[100000010000000100000001]$，表示设计组织 1 与设计人员 1 进行匹配，设计组织 2 与设计人员 2 进行匹配，设计组织 3 与设计人员 4 进行匹配，设计组织 4 与设计人员 6 进行匹配。该染色体所对应的目标函数值为 11.476，适应度值为 0.656。

最终的最优分配方案如图 4.7 所示。

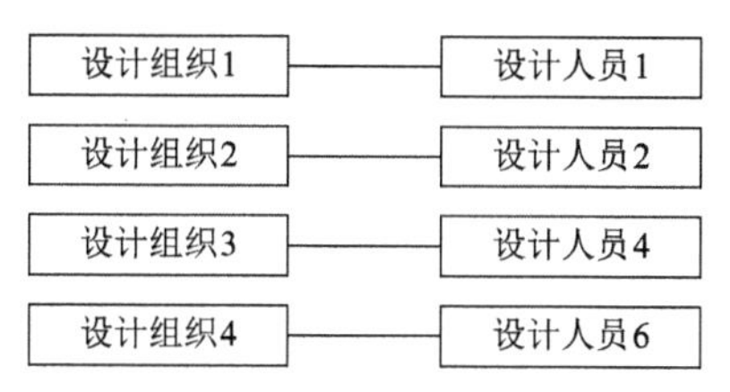

图 4.7 基于人员视角的最优分配方案

为进一步验证本书提出的自适应遗传算法在求解复杂优化问题时收敛速度快的优势，在种群规模和最大进化代数相同的情况下，分别采用自适应遗传算法与标准遗传算法进行求解，如图 4.8 所示。

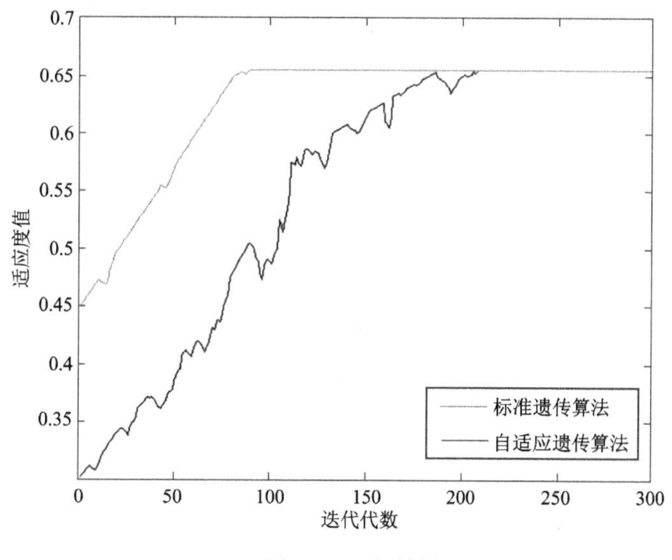

图 4.8 运行结果

根据图 4.8，自适应遗传算法经过 86 代即收敛于该问题的最优解，而标准遗传算法则经过 209 代才收敛于问题的最优解。在中央处理器（central processing unit，CPU）为双核 I5-430M，2.27 千兆赫兹（GHz）主频，1G 内存的计算机上运行，自适应遗传算法所用时间为 4.92 秒，而标准遗传算法所用时间为 8.16 秒，由此可见在求解产品创新设计人员与组织单向匹配问题上，采用自适应遗传算法要比标准遗传算法收敛更快，运行时间更短。

基于上述验证过程得出，利用自适应遗传算法对产品创新设计人员与组织单向匹配模型求解，可以得到较好的结果。根据产品创新设计人员与组织的单向匹配模型，将得到基于不同视角的设计人员与组织单向匹配方案，从而有效解决产品创新设计人员与组织单向匹配的问题。

4.4 本章小结

本章首先对产品创新设计人员与组织匹配中存在的两种单向匹配问题进行了阐述；在此基础上，以设计人员与设计组织匹配契合度模型为基础，分别从组织角度和人员角度出发建立了设计人员与设计组织单向匹配模型，并采用自适应遗传算法对模型进行求解；最后，通过案例应用，验证了单向匹配模型及其求解算法的可行性和有效性。

5　产品创新设计人员与组织双向匹配研究

产品创新设计人员与组织的双向匹配既要考虑设计人员对设计组织的匹配契合度最优，也要考虑设计组织对设计人员的匹配契合度最优，产品创新设计人员与组织的最优匹配对于提高员工工作绩效，推动企业高效运行具有重要影响。因此，针对设计人员的能力、期望与组织的要求、给予进行合理匹配，有着重要的现实意义和研究意义。本章首先对产品创新设计人员与组织匹配类型进行分析；其次，分析设计人员与组织双向匹配过程，基于延迟认可算法提出双向匹配方案；最后，通过案例研究，验证研究方法的可行性和有效性。

产品创新设计人员与组织的双向匹配是设计人员与组织相互协商、选择和博弈的过程，设计人员根据自身能力和需求选择适合的组织，同时，组织根据自身要求和特点选择适合的设计人员。总体而言，产品创新设计人员与组织的双向匹配过程主要包括三个步骤：一是匹配双方认知自身的需求和特点；二是匹配双方认知备选对象的特点、需求和资源；三是设计人员与组织的双向匹配。

(1) 匹配双方认知自身的需求和特点主要包括两个方面。一方面，设计人员清晰认识自身的气质性格、专业技能、通用能力等，为其选择设计组织提供标准和依据；另一方面，产品创新设计组织清晰认识其组织文化、组织目标、产品设计技能需求及工作模式等，为其筛选设计人员提供标准和依据。

(2) 匹配双方认知备选对象的特点、需求和资源主要是指产品创新设计人员与组织分别对匹配对象的相关属性进行了解和评价，以判断匹配对象是否与自身的要求相契合。

(3) 双向匹配是产品创新设计人员与组织根据自身的需求，以及匹配对象的特点和资源进行选择，以实现彼此之间的最佳匹配，使双方都达到满意的结果。

在双向匹配过程中，不同的设计人员与组织拥有不同的价值观、要求和期望，都希望能够选择出各自满意的对象。如何使设计组织选择出合适的设计人员并确保设计人员进入合适的组织，同时满足设计人员与组织的期望和要求，提高匹配双方的满意度水平，是设计人员与组织匹配过程中的重要问题。目前，针对双向匹配问题的研究主要包括网络环境下供需双方的双向匹配、人力资源管理中员工与岗位的双向匹配、风险投资商与企业的双向匹配等。其中，史东风基于博弈论研究了石油企业中层管理者的人岗匹配问题，求得了总体收益最大的均衡策略[151]；李铭洋利用隶属函数加权方法，将双向匹配问题的多目标优化模型转化为单目标优化模型，并对模型进行求解得到双向匹配结果[152]；乐琦在考虑人和岗位双向匹配研究中，构建了多目标优化模型，利用线性加权方法，将其转化为单目标优化模型，并对模型进行求解[153]。上述问题的求解模型均为线性规划模型，并采用LINGO等软件进行计算，研究方法均无法解决非线性或者两个单目标优化模型中的参数不一致的问题。同时，当双向匹配对象数量较大时，上述求解算法计算过程工作量庞大，过程复杂，收敛速度慢，求得的匹配组合能保证产品创新设计人员与组织的匹配契合最大，但无法保证整体匹配组合处于相对稳定状态。

基于此，针对设计人员与组织的双向匹配问题，本章基于动态均衡的思想，运用延迟认可算法进行求解，可确保产品创新设计人员与组织达到稳定的匹配状态。首先，对双向匹配过程中可能存在的匹配类型进行分析；其次，分析设计人员与组织双向匹配过程，针对设计人员数量与组织数量相等和不相等两种情况，运用延迟认可算法求得全局最优且稳定的双向匹配方案；最后，进行应用案例研究，验证算法和匹配过程的有效性与可行性。

5.1 设计人员与组织双向匹配问题分析

5.1.1 匹配问题分析

1. 双向匹配的主要特征

基于双向匹配问题的界定，总结出双向匹配的主要特征为以下七个方面[154]。

(1) 双向匹配存在两个匹配主体，即设计人员与组织。

(2) 在双向匹配过程中，第三方中介可以提供平台给双方匹配主体，这不仅可以促进信息的沟通，还有利于双向匹配主体给出合理的匹配满意度评价信息，从而提高匹配效率。特别指出，当匹配主体具有中介的功能时，则不需第三方中介的参与。

(3) 不同匹配个体对对方个体的匹配满意度评价信息是双向匹配的重要依据。因为不同个体的匹配满意度评价信息是双向匹配研究的关键，所以双方均需提供其匹配满意度评价信息。依据双方的匹配满意度评价信息，采用恰当的匹配分析方法可以得出双向匹配结果。

(4) 一方匹配满意度最高并不是双向匹配的最终目的，双方总体匹配满意度最高才是双向匹配的最终目的。

(5) 双向匹配属于多指标决策问题。在双向匹配过程中，当 m_i 与 w_j 互相进行匹配满意度评价时，需要考虑两方的多个评价指标，得到个体评价的总体匹配满意度。

(6) 双向匹配属于典型的多目标决策问题。双向匹配的目标是尽可能使 M 方与 W 方对彼此的匹配满意度最大；在某些情形下，中介的利益也需要考虑，因此双向匹配问题是一个多目标优化的难题。

(7)双向匹配问题的研究目前处于理论与工程之间。1984 年，在美国医学院实习生向医院的派遣过程中，Roth 开始将双向匹配的 Gale-Shapley 算法应用于其中。随着双向匹配理论与实际问题的紧密结合，针对典型双向匹配问题的求解方案研究也是极其重要的。

2. 匹配满意度分析

在双向匹配问题中，主体 B_j (乙方)对主体 A_i (甲方)的匹配满意度(下文中简称“满意度”)的含义为：在最终的匹配结果中，若 A_i 与 B_j 相匹配，则该满意度为 B_j 对于匹配方案满意程度的衡量。

对于基于偏好序的双向匹配问题，双方主体给出的偏好形式均为偏好序[152]。若 A_i 对于 B_j 相匹配的满意程度要高于与 B_k 相匹配的满意程度，则甲方主体 A_i 会将乙方主体 B_j 排在 B_k 之前。同样地，若甲方主体 A_i 把乙方主体 B_j 排在最后一位，则 A_i 对于 B_j 满意度最低。为符合人们的思维习惯，可将满意度界定在 0 到 1 区间上。

下面以基于偏好序的 1-1 双向匹配为例，给出双向匹配满意度的定义。

定义 5.1 α_{ij} 为甲方主体 A_i 对乙方主体 B_j 的满意度，β_{ij} 为乙方主体 B_j 对甲方主体 A_i 的满意度，则满意度 α_{ij} 与 β_{ij} 可分别表示为

$$\alpha_{ij}=\phi\left(r_{ij}\right),\quad i\in I;j\in J$$

$$\beta_{ij}=\phi\left(t_{ij}\right),\quad i\in I;j\in J$$

其中，$\phi(\cdot)$ 为严格单调递减函数，满足 $\phi(\cdot)\geqslant 0$，$\phi(1)=1$。

设 $\mu=\mu_t\cup\mu_s$ 为甲方主体集合 A 与乙方主体集合 B 之间的双向匹配，其中，

$$\mu_t=\left\{(A_i,B_{f(i)})\middle| i\in I,f\left(i\right)\in J\right\}$$

$$\mu_s=\left\{(B_j,B_j)\middle| j=\{1,\cdots,n\},\ \left\{f\left(1\right),\cdots,f\left(m\right)\right\}\right\}$$

则有以下定义：

(1)甲方主体 $A_1,A_2,\cdots,A_m$ 的满意度之和为双向匹配 μ 的甲方总体满意度，记为 $\tilde{\varphi}(\mu)$，即

$$\tilde{\varphi}(\mu)=\sum_{i\in I}\alpha_i f\left(i\right)$$

(2)乙方主体 $B_{f(1)},B_{f(2)},\cdots,B_{f(m)}$ 的满意度之和为双向匹配 μ 的乙方总体满意度，记为 $\widetilde{\varphi}(\mu)$，即

$$\widetilde{\varphi}(\mu)=\sum_{i\in I}\beta_i f(i)$$

(3) 双方主体的满意度之和为双向匹配 μ 的双方总体满意度，记为 $\varphi(\mu)$，即

$$\varphi(\mu)=\sum_{i\in I}\left(\alpha_i f(i)+\beta_i f(i)\right)$$

对于基于偏好序的 1-n 双向匹配，也可类似地给出满意度及甲方、乙方和双方总体满意度等定义，这里不再赘述。

3. 双向匹配问题描述

设计人员与组织的双向匹配是为了在彼此之间建立稳定的匹配关系，最理想的匹配关系是一个组织选择了某个设计人员，同时该设计人员也选择了该组织，此时，匹配双方的满意度都较高，如图 5.1 所示。然而在实际双向匹配过程中，不可避免地存在问题，主要包括三种类型：一是多个组织选择同一个设计人员；二是多个设计人员选择进入同一组织；三是设计人员与组织的选择相互交叉。三种类别示意图分别如图 5.2、图 5.3 和图 5.4 所示。

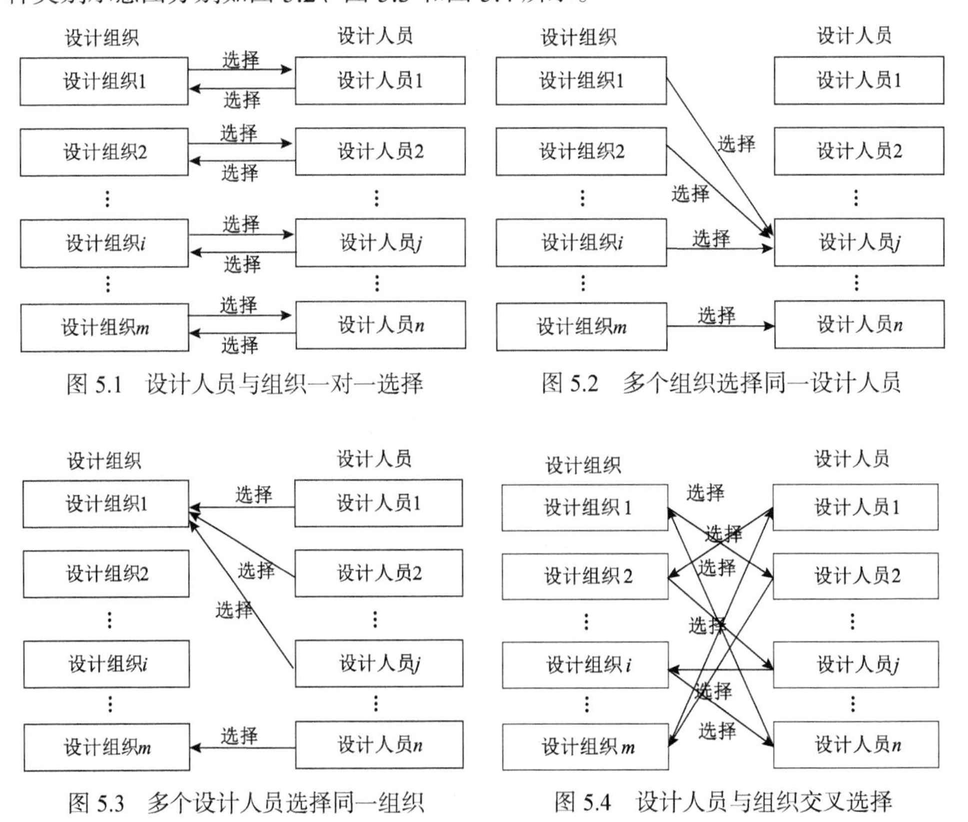

图 5.1　设计人员与组织一对一选择

图 5.2　多个组织选择同一设计人员

图 5.3　多个设计人员选择同一组织

图 5.4　设计人员与组织交叉选择

产生上述问题的原因主要包括两个方面：一是不同设计人员与组织的需求存在重复和交叉；二是设计人员与组织都是理性主体，都倾向于选择令其自身最满意的对象。

不同的设计组织对设计人员的知识领域、工作态度、基本素质及工作能力等的要求不完全相同，每个组织都期望选择一个能够与其要求相匹配的设计人员，而备选的设计人员在基本素质、工作能力及其他方面可能存在一定的相似性。对于不同的设计人员而言，其拥有不同的知识内容、知识结构、资源、期望等，选择进入设计组织的一个重要标准是组织对其要求的满足程度，而备选组织的特点和所能提供的资源也存在一定的相似性。因此，对设计组织而言，可能存在多个设计人员可供选择，对于设计人员而言，可能存在多个设计组织可供选择，必然会在匹配过程中出现多个设计组织选择同一设计人员或多个设计人员选择同一设计组织的问题。此外，产品创新设计人员与组织都是相对独立的理性个体，在匹配过程中都期望选择令其自身满意度最高的对象，而在一次匹配过程中每个组织只能选择一个设计人员和每个设计人员只能进入一个设计组织的约束下，也可能会出现上述设计人员与组织交叉选择的匹配问题。

5.1.2 双向匹配满意度的计算及性质

1. 双向匹配满意度的计算公式

计算主体的匹配满意度是解决双向匹配满意度问题的基础和前提。式(5.1)~式(5.8)是几种常见的满意度计算公式。其中，α_{ij}为甲方主体A_i对乙方主体B_j的满意度，β_{ij}为乙方主体B_j对甲方主体A_i的满意度。

(1)满意度计算公式Ⅰ：

$$\alpha_{ij}=\frac{n-r_{ij}}{n-1},\ i\in I,\ j\in J \tag{5.1}$$

$$\beta_{ij}=\frac{m-t_{ij}}{m-1},\ i\in I,\ j\in J \tag{5.2}$$

(2)满意度计算公式Ⅱ：

$$\alpha_{ij}=\frac{n+1-r_{ij}}{n},\ i\in I,\ j\in J \tag{5.3}$$

$$\beta_{ij}=\frac{m+1-t_{ij}}{m},\ i\in I,\ j\in J \tag{5.4}$$

(3)满意度计算公式Ⅲ：

$$\alpha_{ij} = (1/r_{ij})^{\theta},\ i \in I,\ j \in J \tag{5.5}$$

$$\beta_{ij} = (1/r_{ij})^{\theta},\ i \in I,\ j \in J \tag{5.6}$$

其中，$0<\theta<1$，且θ越大，随着偏好序值增加，主体满意度的下降速度越快。

(4)满意度计算公式Ⅳ：

$$\alpha_{ij} = \exp\left(1-r_{ij}\right),\ i \in I,\ j \in J \tag{5.7}$$

$$\beta_{ij} = \exp\left(1-t_{ij}\right),\ i \in I,\ j \in J \tag{5.8}$$

2. 相关性质分析

在上面给出的匹配满意度公式中，式(5.1)～式(5.4)是基于线性形态的匹配满意度函数得出的，式(5.5)～式(5.8)是基于上凹形态的匹配满意度函数得出的。下面以式(5.3)～式(5.6)为例，对匹配满意度计算公式的相关性质进行分析。

(1)对于式(5.3)和式(5.4)，此时匹配满意度α_{ij}和β_{ij}具有以下性质：① $0<\alpha_{ij}$，$\beta_{ij}\leqslant 1$。② 若 $r_{ij}<r_{ik}$，则 $\alpha_{ij}>\alpha_{ik}$；若 $t_{ij}<t_{lj}$，则 $\beta_{ij}>\beta_{lj}$。③ $\alpha_{ij}-\alpha_{ik}=r_{ij}-r_{ik}/n$；$\beta_{ij}-\beta_{lj}=(t_{ij}-t_{lj})/m$。

性质①②表明，满意度α_{ij}和β_{ij}都为不大于1的正数，且随着偏好序值的增加而减小。特殊地，若$r_{ij}=1$，则$\alpha_{ij}=1$，在此情况下，匹配主体A_i对与匹配主体B_j相匹配的结果满意程度达到最大；若$r_{ij}=n$，则$\alpha_{ij}=1/n$，在此情况下，匹配主体A_i对与匹配主体B_j相匹配的结果满意程度最小。类似地，若$t_{ij}=1$，则$\beta_{ij}=1$，在此情况下，匹配主体A_i对与匹配主体B_j相匹配的结果满意程度最大；若$t_{ij}=m$，则$\beta_{ij}=1/m$，在此情况下，匹配主体B_j对与匹配主体A_i相匹配的结果满意程度最小。性质③表明，可将偏好序值r_{ij}逆序线性映射区间$[1/n,1]$内视为匹配主体A_i匹配满意度；可将偏好序值t_{ij}逆序线性映射到区间$[1/m,1]$内视为匹配主体匹配满意度。

(2)对于式(5.5)和式(5.6)，此时满意度α_{ij}和β_{ij}具有以下性质：① $0<\alpha_{ij}$，$\beta_{ij}\leqslant 1$。②若$r_{ij}<r_{ik}$，则$\alpha_{ij}>\alpha_{ik}$；若$t_{ij}<t_{lj}$，则$\beta_{ij}>\beta_{lj}$。③ α_{ij}的减小速度随着r_{ij}的增大越来越慢；β_{ij}的减小速度随着t_{ij}的增大也越来越慢。

上述性质①②表明，满意度α_{ij}和β_{ij}均为不大于1的正数，且随着偏好序值的增大而减小。特殊地，若$r_{ij}=1$，则$\alpha_{ij}=1$，此种情形下匹配主体A_i对与匹配主体B_j相匹配的结果满意程度达到最大；若$r_{ij}=n$，则$\alpha_{ij}=1/n$，此情形中的匹配主体A_i对与匹配主体B_j相匹配的结果满意程度达到最小。类似地，若$t_{ij}=1$，则

$\beta_{ij}=1$，此情形中，匹配主体 B_j 对与匹配主体 A_i 相匹配的结果满意程度达到最大；若 $t_{ij}=m$ ，则 $\beta_{ij}=1/m$ ，此种情形下匹配主体 B_j 对与匹配主体 A_i 相匹配的满意程度达到最小。性质③则表明，匹配满意度减小的速度随着偏好序值的增大开始时较快，随后逐渐变慢。

5.1.3 匹配结果的形成

考虑不同主体匹配满意度的双向匹配问题时，匹配主体 M 对匹配主体 W 的多指标匹配满意度评价信息及匹配主体 W 对匹配主体 M 的多指标匹配满意度评价信息形成两个指标目标或维度，涉及不同指标维度信息的处理技术和集结方式等问题。在多指标决策分析方法中，多采用几何加权法、算术加权法、层次分析法、理想点方法等来对多指标的评价信息进行集结，进而获得不同匹配主体各自的总体匹配满意度信息。在现实的决策过程中，考虑到双向匹配的目标可能是双方主体的匹配满意度最高等，效率矩阵中的元素就难以采用确切的数值进行描述，而多种形式的评价信息如语言评价信息及指标期望信息等则更为合适和方便。因此，考虑匹配满意度评价信息特征的集结和处理方法，是本书提出的决策分析方法中重点研究的一个问题，需要在原理和方法等层面进行深入探讨。

基于两个指标维度的匹配满意度的评价结果，构建考虑不同匹配主体匹配满意度最高的多目标优化模型。通过对多目标优化模型求解，得出不同匹配主体的有效匹配结果。在多目标决策分析方法中，模糊折中算法、指数功效系数法、线性功效系数法及模糊规划方法等是常采用的方法。

设 x_{ij} 表示一个 0-1 变量，其中，$x_{ij}=1$ 表示 m_i 与 w_j 匹配，$x_{ij}=0$ 表示 m_i 与 w_j 不匹配。匹配主体 M 中的 m_i 对匹配主体 W 中的 w_j 的匹配满意度为 α_{ij} ，匹配主体 W 中的 w_j 对匹配主体 M 中的 m_i 的匹配满意度为 β_{ij} 。考虑使 m_i 对 w_j 的匹配满意度最大和 w_j 对 m_i 的匹配满意度最大，可建立优化目标：$\max\sum_{i=1}^{n}\sum_{j=1}^{k}\alpha_{ij}x_{ij}$ 和 $\max\sum_{i=1}^{n}\sum_{j=1}^{k}\beta_{ij}x_{ij}$ 。存在决策者利益时，需要在考虑决策者收益要求的基础上，建立相应的优化目标。根据不同情形下的约束条件来建立多目标优化模型。通过对优化模型求解，得到不同主体的匹配结果。也可基于波士顿矩阵模型的思想并结合 α_{ij} 和 β_{ij} 这两个指标维度的评价结果，建立矩阵模型，通过匹配性评价矩阵直观地获得双向匹配结果。

5.1.4 双向匹配结果的稳定性

在基于偏好序的双向满意度匹配问题中，需要考虑匹配结果的稳定性。接下来对基于偏好序的 1-1 双向匹配和基于偏好序的 1-n 双向匹配的结果稳定性分别进行论述。

为了便于分析，仍记 $I=\{1,2,\cdots,m\}$ ， $J=\{1,2,\cdots,m\}$ ， $R=\left[r_{ij}\right]_{m\times n}$ 为甲方针对乙方的偏好序值矩阵，其中 γ_{ij} 表示甲方主体 A_i 把乙方主体 B_j 排在第 γ_{ij} 位，$\gamma_{ij}\in J$ ； $T=\left[t_{ij}\right]_{m\times n}$ 为乙方针对甲方的偏好序值矩阵，其中 t_{ij} 表示乙方主体 B_j 把甲方主体 A_i 排在第 t_{ij} 位， $t_{ij}\in I$ 。

1. 基于偏好序的 1-1 双向匹配的匹配结果稳定性

以下给出基于偏好序的 1-1 双向匹配中匹配结果稳定性的相关概念。

定义 5.2 针对 1-1 双向匹配 μ，若匹配主体对 (A_i,B_j) 满足下面两种情况之一：① $\exists A_i,A_l\in A$，$B_j,B_k\in B$，$\mu(A_i)=B_k$，$\mu(A_l)=B_j$ 满足 $r_{ij}<r_{ik}$ 且 $t_{ij}<t_{lj}$ ；② $\exists A_i$，$A_l\in A$，$B_j\in B$，$\mu(A_i)=B_k$，$\mu(B_j)=B_j$ ，满足 $r_{ij}<r_{ik}$ 。则称主体对 (A_i,B_j) 为 μ 阻碍稳定对。

定义 5.3 对于 1-1 双向匹配 μ ，若不存在 μ 阻碍稳定对，则称 μ 为稳定匹配，即称 μ 为具有稳定性的匹配，否则为不稳定匹配。

可以看出，满足定义 5.2 中情况①或②的主体 (A_i,B_j) ，会使双向匹配 μ 不稳定。主体 A_i 与 B_j 都认为对方要优于目前所匹配的主体，从而产生放弃当前所匹配的主体而相互“结合”在一起的想法。

2. 基于偏好的 1-n 双向匹配的匹配结果稳定性

下面给出基于偏好序的 1-n 双向匹配中匹配结果稳定性的相关概念。

定义 5.4 针对 1-n 双向匹配 μ ，若匹配主体对 (A_i,B_j) 满足以下四种情况之一：① $\exists A_i,A_l\in A$，$B_j,B_k\in B$，$B_k\in\mu(A_i)$，$B_j\in\mu(A_l)$ ，满足 $r_{ij}<r_{ik}$ 且 $t_{ij}<t_{lj}$ ；② $\exists A_i\in A$，$B_j,B_k\in B$，$B_k\in\mu(A_i)$，$\mu(B_j)=B_j$ ，满足 $r_{ij}<r_{ik}$ ；③ $\exists A_i,A_l\in A$，$B_j\in B$，$B_j\in\mu(A_l)$，$\mu(A_i)=A_i$ ，满足 $t_{ij}<t_{lj}$ ；④ $\exists A_i\in A$，$B_j\in B$，$\mu(A_i)=A_i$，$\mu(B_j)=B_j$ 。则称主体对 (A_i,B_j) 为 μ 阻碍稳定对。

定义 5.5 对于 1-n 双向匹配 μ ，若不存在 μ 阻碍稳定对，则称 μ 为稳定匹配，否则称 μ 为不稳定匹配。

5.1.5 双向匹配主体的心理行为特征

在双向匹配过程中，匹配决策者基于匹配双方提供的偏好信息进行决策，尽可能给出使匹配双方都满意的匹配结果。在此过程中，考虑到匹配双方对匹配结果可能存在的心理行为具有其合理性，因此，下面对匹配双方主体可能存在的心理行为进行阐述。

1. 失望-欣喜感知

1985年，Bell针对现实生活中人们的实际行为与预测结果之间存在的偏差提出了失望理论。该理论认为失望是指在某事件发生前人们具有更高的预期结果，而在事件发生后所处的现状低于期望水平时而产生的一种情绪。人们习惯于把所处的现状与期望水平进行比较，当所处的现状低于期望水平时，人们就会感到失望；当所处的现状高于期望水平时，人们就会感到欣喜，因此在双向匹配中，匹配主体对于匹配结果会产生失望-欣喜感知，其与匹配主体对匹配结果的满意程度密切相关。具体而言，匹配主体既会对未与劣于当前匹配的对方主体进行匹配而感到欣喜，也会对未能与优于当前匹配的对方主体进行匹配而感到失望。可借鉴失望理论对匹配双方的心理行为特征进行描述。

2. 失望规避心理

人们是失望规避的。失望理论认为，一定数量的财产损失所带来的失望感要高于相同数量收益所带来的欣喜感。也就是说，对于相同数量的收益和损失，人们对于损失的感知更加敏感。对于参与双向匹配的双方主体来说，也存在着失望规避的心理，可引入上凸形态的失望-欣喜函数对其进行刻画。

5.2 设计人员与组织双向匹配类型分析

在设计人员与组织双向匹配过程中，由于匹配双方对选择对象的要求和期望不同，将会产生不同的匹配组合，在不同的匹配组合中设计人员与组织的满意度是不同的。因此，本章基于匹配双方满意度的差异，对设计人员与组织的双向匹配类型进行分析。

5.2.1 相关假设

由于设计人员与组织在选择匹配对象之前，都对备选对象有一定的要求、期望和目标，如果选择的对象能够满足彼此的要求和期望，则能够促使设计人员与组织的满意度提升，实现其预期目标。在书第3章中所计算的设计人员与组织的匹配契合度，反映了人员和组织之间的合作期望和意愿。人员与组织匹配契合度越大，在一定程度上表征设计人员或组织能够从该选择对象中获得的期望效用值越大和满意度水平越高。

本书对双向匹配研究做如下假设。

假设 5.1 设计人员与组织在匹配选择过程中都是理性的，会优先选择能够满足其自身要求的设计组织和人员，即优先选择匹配契合度高的设计组织或人员。

假设 5.2 在设计人员与组织匹配过程中，一个匹配过程可包含多个阶段，每个阶段中，匹配双方是一一配对的，即一个设计组织只能与一个设计人员形成匹配组合，一个设计人员在一次匹配过程中只能与一个设计组织形成匹配组合。

假设 5.3　在设计人员与组织匹配过程中，匹配双方根据自身需求选择匹配对象，如果需要，组织或人员均可选择各自的备选匹配对象。

5.2.2　双向匹配状态

在双向匹配过程中，匹配状态可以从设计人员与组织的满意度评价两个方面来进行分析，如图 5.5 所示。将设计人员的满意度评价和组织的满意度评价在二维空间中表示出来，横轴表示设计人员满意度的高低，纵轴则表示组织满意度的高低。根据产品创新设计人员与组织的满意程度不同，可划分为四种匹配结果区域，分别是组织满意度较高、设计人员满意度较低区域；组织满意度较低、设计人员满意度较高区域；设计人员与组织满意度都低区域；设计人员与组织满意度都较高区域。

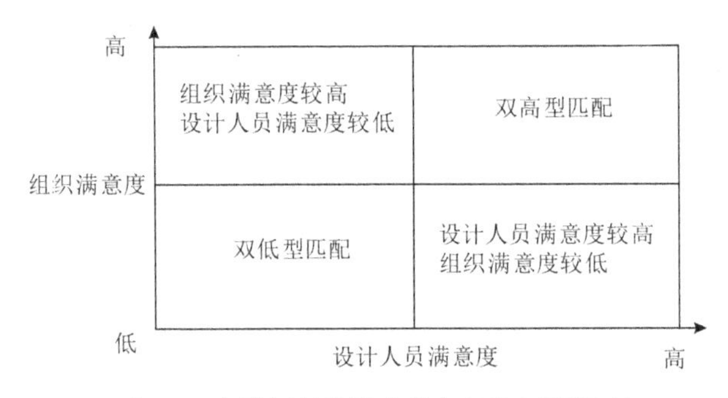

图 5.5　产品创新设计人员与组织匹配类型

(1) 组织满意度较高，设计人员满意度较低的匹配类型：是指在匹配过程中，组织仅从自身的目标和期望出发，选择出合适的设计人员，未考虑设计人员的需求和选择，在此过程中设计组织占主动权。这种匹配类型虽然能够满足设计组织的要求，但是设计人员的匹配满意度较低。

(2) 设计人员满意度较高，组织满意度较低的匹配类型：是指在匹配过程中，设计人员从自身的目标和期望出发，选择出合适的组织，未考虑组织的需求和选择，在此过程中设计人员占主动权。这种匹配类型虽然能够满足设计人员的要求，但是组织的匹配满意度较低。

(3) 双低型匹配：是指在匹配过程中，设计人员与组织的匹配满意度都低，双方都没有选择出合适的设计人员与组织。

(4) 双高型匹配：是指在匹配过程中，设计人员与组织的匹配满意度都较高，在完成匹配后，匹配双方都不会轻易打破匹配状态，形成相对稳定的匹配状态。

稳定状态下的双向匹配一方面可以使组织选择出适合岗位工作要求和组织发展的设计人员，有效地协同人际互动，降低冲突，促进组织工作效率和效益的提升，为组织的快速健康发展带来积极的效应；另一方面，能够促使设计人员能力的施展和期望目标的实现，提高设计人员的工作满意度和工作绩效。

5.3　基于延迟认可算法的设计人员与组织双向匹配

最佳的双向匹配状态是设计人员与组织都获得相对满意的结果，即形成一系列的稳定匹配组合。因此，在明确设计人员与组织选择优先级的基础上，研究设计人员与组织数量相等和不相等条件下的双向匹配模式，提出相对稳定状态下的双向匹配方案，确保设计人员与组织双方均选择出较为合适的匹配对象，最终使匹配双方整体满意度达到最大。

5.3.1　双向匹配计算过程

1962 年 Gale 和 Shapley 提出和证明在婚姻问题中存在稳定配对，并提出一种进行稳定匹配的算法——延迟认可算法[155]。延迟认可算法是博弈论思维的一种算法，用来进行婚姻稳定匹配计算。

婚姻匹配问题是未婚男女双方相互选择的过程，对于每一个确定的选择优先级矩阵，通过运用延迟认可算法，都能求得稳定的完备婚姻策略，而且以男士按照他们排列的优先级选择女士开始匹配和以女士按照她们排列的优先级选择男士开始匹配所得到的结果是相同的[18]。产品创新设计人员与组织的双向匹配是设计人员和组织双方相互选择的过程，以实现设计人员与组织的最佳匹配，使匹配结果达到稳定状态。由于产品创新设计人员与组织的双向匹配问题与婚姻的匹配问题实质相同，都是通过一系列的计算过程，求得稳定匹配对，针对设计人员与组织双向匹配问题，也可用延迟认可算法进行计算，具体描述如下。

假设有 m 个设计组织，其构成的集合记为 $O=\{O_1,O_1,\cdots,O_m\}$，有 m 位设计人员，其构成的集合记为 $P=\{P_1,P_2,\cdots,P_m\}$。每个设计组织根据其对每个设计人员的匹配契合度值大小，对设计人员进行严格的优先排序。同理，每个设计人员根据其对每个设计组织的匹配契合度值大小，对设计组织进行严格的优先排序。排序中不允许存在并列名次。因此，在此匹配过程中，将会出现 m 个设计人员与组织的匹配对 (O_i,P_j)，每一个匹配对都是匹配双方按照一对一的模式进行选择构成的，不允许存在交集，即每个设计组织只能与设计人员集合中的一个人员进行匹配。这种匹配结果构成一个集合被称为完美匹配集合 S。如果在一个完美匹配中，$O_i\in O$，$P_j\in P$，O_i 和 P_j 中一方或两方期望另外一个匹配对象，则这种匹配具有不稳定性，称$\left(O_i,P_j\right)$为一个受阻对。反之，如果一个完美匹配不存在受阻对，则称$\left(O_i,P_j\right)$为一个匹配达到稳定状态。

在匹配计算过程中，每次选择判断都是全局寻优过程，可确保得出的匹配对都处于最佳匹配状态，使产品创新设计人员和组织双向匹配达到稳定状态。

因此，产品创新设计人员与组织双向匹配计算过程主要包括以下三个步骤。

步骤 1：分别建立产品创新设计人员和组织集合，根据设计人员与组织的匹配契合度矩阵，计算组织对设计人员的选择优先级和设计人员对组织的选择优先级。

步骤 2：比较设计人员和组织数量，由于设计人员和组织数量不同，计算过程不同，分为设计人员数量与组织数量相等和不相等两种情况分别进行计算。

步骤 3：在设计人员与组织数量相等的情况下，基于延迟认可算法，采用置换矩阵的方式进行匹配；在设计人员与组织数量不相等的情况下，基于延迟认可算法，采用多阶段的方式进行匹配。

具体的产品创新设计人员与组织双向匹配计算过程如图 5.6 所示。

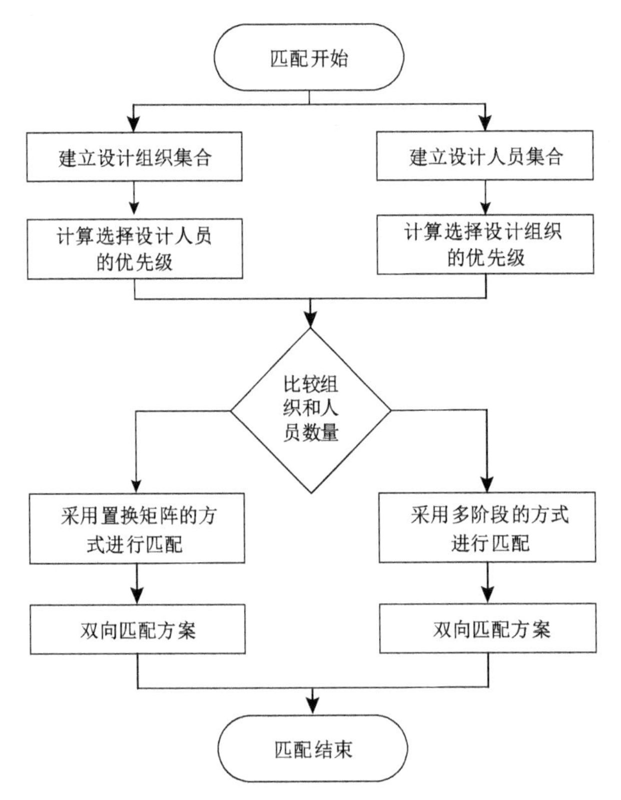

图 5.6　产品创新设计人员与组织双向匹配过程

设计人员和组织数量相等时，可运用延迟认可算法构建置换矩阵，计算出设计人员和组织一对一的匹配结果；设计人员和组织数量不等时，无法直接构建置换矩阵进行计算，且不能直接计算出所有设计人员和组织的匹配结果，需要对设计人员和组织进行分阶段匹配。因此，设计人员与组织数量相等和不等情况下的计算过程不同，下面需要分别从产品创新设计人员与组织数量相等和不等两个方面进行分析。

基于上述分析可发现，基于延迟认可算法的双向匹配强调基于优先度置换矩阵的相互选择过程，在这一过程中，要求置换矩阵内每个元素取值均有意义。在第 4 章单向匹配问题中，基于设计人员或设计组织视角的匹配过程，按照延迟算法过程，无法形成有效的置换矩阵，因此不能得到可行解。所以，本章提出的面向双向匹配问题的延迟认可算法并不适用于单向匹配问题。

5.3.2 数量相等条件下的双向匹配

产品创新设计人员与组织数量相等条件下的双向匹配计算过程主要包括计算设计人员与组织匹配契合度值、建立设计人员与组织选择优先级矩阵、采用置换矩阵方式计算双向匹配方案三个步骤。

1. 建立设计人员与组织的匹配契合度矩阵

建立产品创新设计组织集合 $O=\{O_1,O_2,\cdots,O_i,\cdots,O_m\}$，建立产品创新设计人员集合 $P=\{P_1,P_2,\cdots,P_j,\cdots,P_m\}$，其中，$O_i$ 表示第 i 个设计组织，P_j 表示第 j 个设计人员。

根据第 4 章中设计人员与组织匹配契合度值计算过程，分别计算组织对设计人员的匹配契合度矩阵和设计人员对组织的匹配契合度值，如表 5.1 和表 5.2 所示。其中，O_i 表示第 i 个设计组织；P_j 表示第 j 个设计人员；T_{ij} 表示第 i 个设计组织对第 j 个设计人员的匹配契合度；U_{ji} 表示第 j 个设计人员对第 i 个设计组织的匹配契合度。

表 5.1 设计组织对设计人员的匹配契合度值(一)

	P_1	P_2	P_3	$\cdots$	P_m
O_1	T_{11}	T_{12}	T_{13}	$\cdots$	T_{1m}
O_2	T_{21}	T_{22}	T_{23}	$\cdots$	T_{2m}
O_3	T_{31}	T_{32}	T_{33}	$\cdots$	T_{3m}
$\vdots$	$\vdots$	$\vdots$	$\vdots$		$\vdots$
O_m	T_{m1}	T_{m2}	T_{m3}	$\cdots$	T_{mm}

表 5.2　设计人员对设计组织的匹配契合度值(一)

	O_1	O_2	O_3	…	O_m
P_1	U_{11}	U_{12}	U_{13}	…	U_{1m}
P_2	U_{21}	U_{22}	U_{23}	…	U_{2m}
P_3	U_{31}	U_{32}	U_{33}	…	U_{3m}
⋮	⋮	⋮	⋮		⋮
P_m	U_{m1}	U_{m2}	U_{m3}	…	U_{mm}

2. 建立设计人员与组织选择优先级矩阵

根据设计人员与组织的匹配契合度值，以设计组织为视角，对其备选的设计人员的优先等级进行排序，匹配契合度越大，其选择优先级越高。同理，以设计人员为视角，对其备选的设计组织的优先等级进行排序，匹配契合度越大，其选择优先级越高。通过上述分析，将会得到设计人员与组织的选择优先级列表，如表 5.3 所示。

表 5.3　设计人员与组织的选择优先级列表

	P_1	P_2	P_3	…	P_m
O_1	(P_1,O_1)	(P_2,O_2)	(P_3,O_3)	…	(P_m,O_m)
O_2	(P_2,O_2)	(P_3,O_3)	(P_4,O_4)	…	(P_1,O_1)
O_3	(P_3,O_3)	(P_4,O_4)	(P_5,O_5)	…	(P_2,O_2)
⋮	⋮	⋮	⋮		⋮
O_m	(P_m,O_m)	(P_1,O_1)	(P_2,O_2)	…	(P_{m-1},O_{m-1})

令矩阵 $A_{m\times m}$、$B_{m\times m}$ 分别表示设计组织对设计人员的选择优先级矩阵和设计人员对组织的选择优先级矩阵，具体如下：

$$A_{m\times m}=\begin{bmatrix} a_{11} & a_{12} & \cdots & a_{1m} \\ a_{21} & a_{22} & \cdots & a_{2m} \\ \vdots & \vdots & & \vdots \\ a_{m1} & a_{m2} & \cdots & a_{mm} \end{bmatrix},\quad B_{m\times m}=\begin{bmatrix} b_{11} & b_{12} & \cdots & b_{1m} \\ b_{21} & b_{22} & \cdots & b_{2m} \\ \vdots & \vdots & & \vdots \\ b_{m1} & b_{m2} & \cdots & b_{mm} \end{bmatrix}$$

其中，a_{ij} 为设计组织 O_i 的选择优先列表中设计人员 P_j 的排列名次；b_{ij} 为设计人员 P_i 的选择优先列表中设计组织 O_j 的排列名次。

3. 双向匹配方案计算过程

选取某个组织 O_i (设计人员 P_j)，从设计人员集合中选择优先级最高的设计人员 P_j (组织 O_i)并执行以下步骤。

步骤 1：设计组织 O_i (设计人员 P_j)提出与设计人员 P_j (组织 O_i)进行匹配，P_j

(O_i)是O_i（P_j）优先级列表中的最高的人员（组织），且未拒绝过O_i（P_j）的匹配要求。

步骤 2：如果设计人员P_j（组织O_i）尚未匹配，接受O_i（P_j）的匹配请求；如果设计人员P_j（组织O_i）已经与其他组织O_t（设计人员P_t）$(0<t\leqslant m)$匹配，则P_j（O_i）将O_i（P_j）和O_t（P_t）进行比较。如果P_j（O_i）更倾向于选择O_i（P_j），则P_j（O_i）和O_i（P_j）构成一个匹配对$\left(O_i,P_j\right)$，而O_t（P_t）将成为独立且尚未匹配的组织（设计人员）；如果P_j（O_i）拒绝O_i（P_j）的匹配请求，则O_i（P_j）仍为独立且尚未匹配的组织（设计人员）。然后，返回步骤 1 进行选择计算，直到所有设计人员和组织都形成稳定的匹配对。

产品创新设计人员与组织数量相等条件下的双向匹配计算过程如图 5.7 所示。

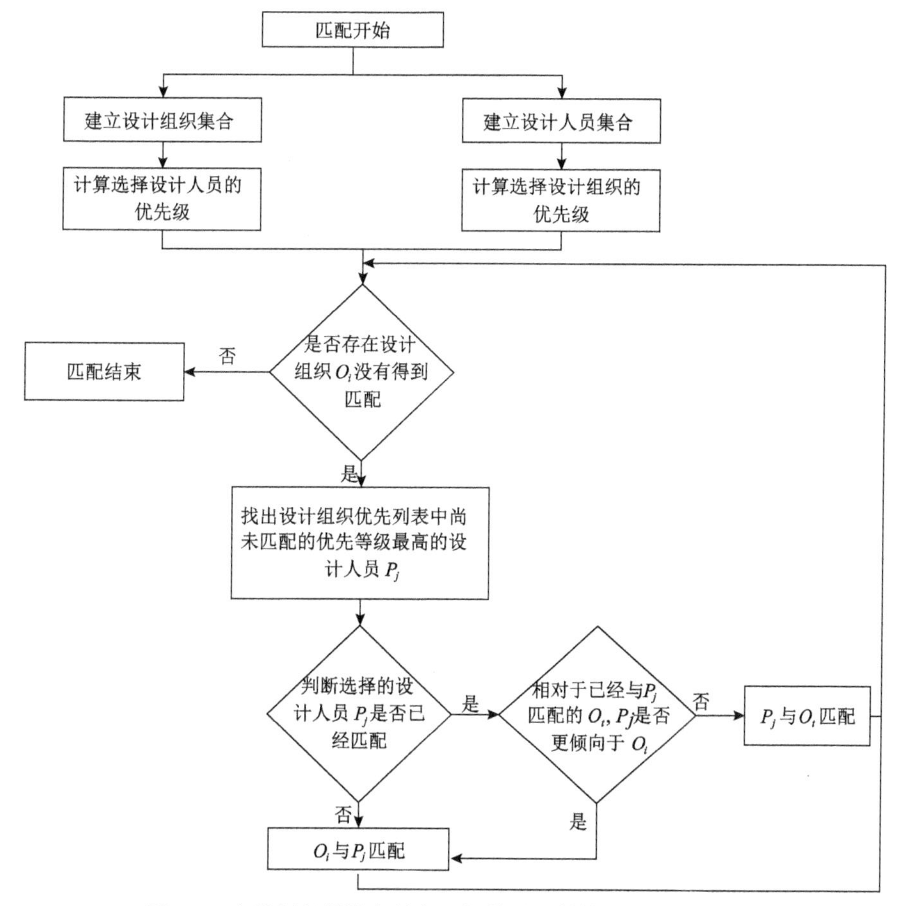

图 5.7　产品创新设计人员与组织数量相等情况下的双向匹配过程

令x_{ij}表示设计组织O_i与设计人员P_j的匹配结果。当$x_{ij}=1$时，表示O_i与P_j匹配，表示形成稳定的匹配对；当$x_{ij}=0$时，表示O_i与P_j没有匹配。因此，设计人员与组织的匹配结果将会得到一个 0-1 矩阵，记为$C_{m\times m}$。由于设计组织和设计人员之间的匹配是一对一匹配，在矩阵$C_{m\times m}$中的每一行和每一列必然存在一个值为 1，这说明矩阵$C_{m\times m}$为一个置换矩阵。同时，建立一个设计组织提出匹配次数的列矩阵$D_{1\times m}$，d_i为矩阵的构成元素，$d_i = n_i + 1$，n_i表示设计组织O_i提出申请的次数。

根据上述分析,基于延迟认可算法的设计人员与组织双向匹配计算过程如下。

步骤 1：矩阵初始化。对匹配矩阵归零化，得到初始矩阵$C_{m\times m}$；取匹配次数的列矩阵$D_{1\times m} = I_{1\times m}$。

步骤 2：参数输入。输入初始矩阵$C_{m\times m}$=0，$D_{1\times m} = I_{1\times m}$，$A_{m\times m}$及$B_{m\times m}$。

步骤 3：对于匹配矩阵$C_{m\times m}$而言，当其行列式都为 0 时，选择第i行为 0 的产品创新设计组织O_i，并要求该组织向处于其优先列表中的第d_i个设计人员提出匹配申请，令该设计人员为P_j，即$a_{ij} = d_i$。由于O_i与P_j相互匹配，则令$C_{m\times m}$中的$c_{ij} = 1$。同时，令$d_{i+1} = d_i + 1$；如果匹配矩阵$C_{m\times m}$的行列式不为 0，则转至步骤 6。

步骤 4：对匹配矩阵$C_{m\times m}$中的第k列的所有数字进行求和，如果求和结果大于 1，即说明在第k列中存在多种匹配结果。然后，搜索第k列中不为 0 的元素所处的行，记为$k_1, k_2, \cdots$。取$B_{m\times m}$中$b_{k,k_1}, b_{k,k_2}, \cdots$中的最小值$b_{k,k_i}$。令$c_{k,k_i} = 1$，第$k$列中其他元素全部为 0；如果匹配矩阵$C_{m\times m}$中的第$k$列的所有数字进行求和结果小于等于 1，则转至步骤 5。

步骤 5：如果匹配矩阵$C_{m\times m}$的行列式为 0，转至步骤 3；如果匹配矩阵$C_{m\times m}$的行列式不为 0，转至步骤 6。

步骤 6：输出置换矩阵$C_{m\times m}$。

5.3.3　数量不等条件下的双向匹配

在实际匹配过程中，不仅存在设计人员与组织数量相等的情况，也会出现设计人员与组织数量不等的情况。由于延迟认可算法是假设匹配双方数量相等的，如果直接采用延迟认可算法，必然存在部分设计组织或设计人员未能得到匹配。对于未匹配的人员或组织，基于假设 5.3，可将其继续匹配并作为各自的备选匹配对象。因此，为了实现匹配双方的匹配契合度最大化，本书基于延迟认可算法，采用多阶段分配的方式进行设计人员与组织的双向匹配。

在设计人员与组织匹配过程中，本书假设设计人员可供选择数量较多，能够满足设计组织对设计人员的需求，因此，在匹配过程中对设计组织数量大于设计人员数量的情况不予以考虑。

假设由m个设计组织构成的集合$O = \{O_1, O_2, \cdots, O_m\}$和$n$个设计人员构成的集合$P = \{P_1, P_2, \cdots, P_n\}$。其中，$O_i$表示第$i$个设计组织，$P_j$表示第$j$个设计人员，$m<n$。通过计算设计人员与组织匹配契合度值，分别得到设计组织对设计人员的

选择优先级和设计人员对设计组织的选择优先级，令 $A_i=\{A_{i1}, A_{i2}, \cdots, A_{in}\}$ 表示设计组织 O_i 的选择优先列表； $B_j=\{B_{j1}, B_{j2}, \cdots, B_{jm}\}$ 表示设计人员 P_j 的选择优先列表。

针对 $m<n$ 的情况下，设计人员与组织的双向匹配过程如下。

第一阶段：同设计人员与组织数量相等求解过程相同，运用延迟认可算法求解过程，对设计人员与组织进行匹配，将得到具有稳定性的匹配组合解。

第二阶段：第一阶段匹配完成后，选取未匹配的设计人员构成设计人员集合，并基于组织功能、特点等相关因素分析，对设计组织的重要程度进行排序，选取重要程度较高组织，建立相应的设计组织集合，然后返回第一阶段进行求解，如此循环往复，直至所有设计人员都形成具有稳定性的匹配对。

在设计人员与组织数量不等的情况下，设计人员与组织的双向匹配过程如图 5.8 所示。

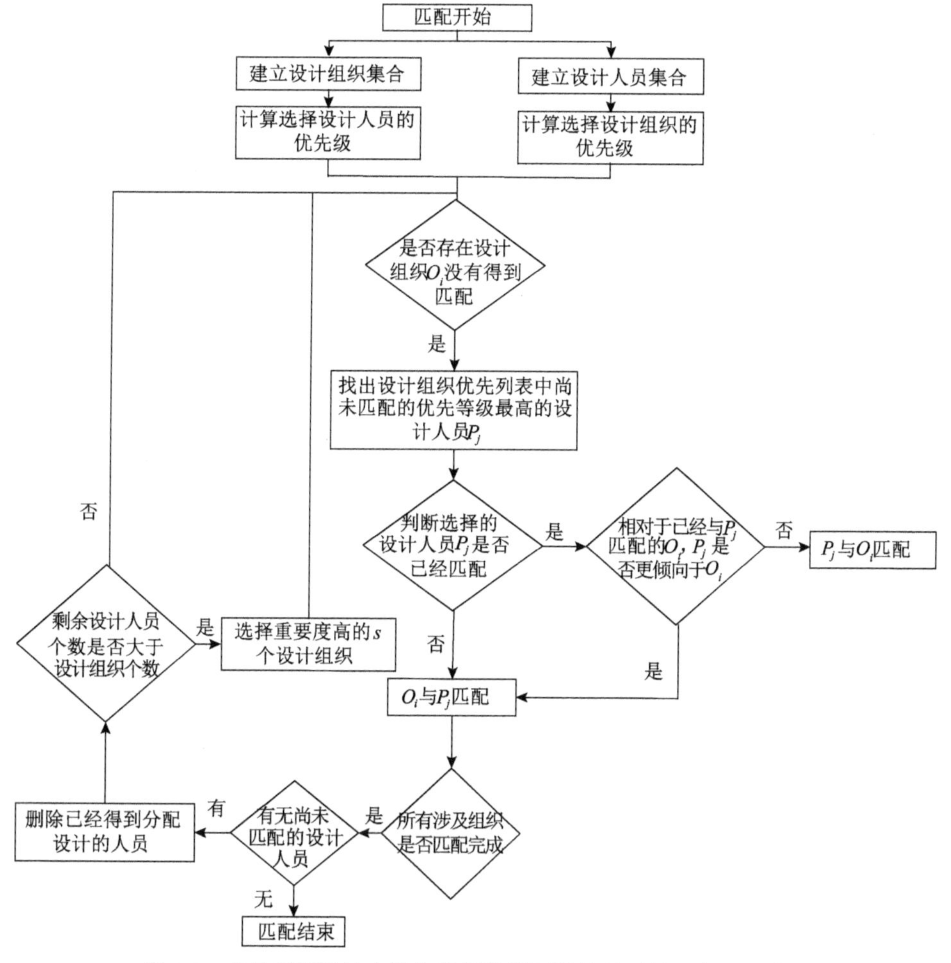

图 5.8　产品创新设计人员与组织数量不等情况下的双向匹配过程

步骤 1：根据图 5.8 所示的延迟认可算法求解过程，对设计人员与组织进行匹配，将得到具有相对稳定性的匹配组合解。

步骤 2：删除已经匹配的设计人员，剩余未匹配的 s 个设计人员。

步骤 3：基于组织功能、特点等相关因素分析，对设计组织的重要程度进行排序，选取重要程度较高的 s 个组织。

步骤 4：对剩余的 s 个设计人员与选取的 s 个设计组织进行双向匹配，返回步骤 1 进行求解，如此循环往复，直至 m 个设计人员都形成具有相对稳定性的匹配组合。

步骤 5：列出所有的双向匹配结果，设计组织根据自身的情况，从匹配组合中选择需要的设计人员。

5.4 案 例 分 析

本章以中国重庆市某一制造业企业为研究对象，该企业主要生产发动机、汽轮机等产品，经过多年的发展壮大，企业计划新招若干人员，来解决企业扩张过程中的人才短缺问题，为了提高企业的人力资源管理效率，实现产品创新设计过程的高效率、高质量，企业在人才引进初期，展开了产品创新设计人员与组织的双向匹配活动。本章从中选取部分产品创新设计人员与组织为研究对象，通过运用本书所提的方法来实现人员与组织的双向匹配。

5.4.1 产品创新设计人员与组织数量相等条件下的双向匹配

现选取 8 个产品创新设计组织和 8 个设计人员参与双向匹配，分别记为 $O=\{O_1,O_2,O_3,O_4,O_5,O_6,O_7,O_8\}$ 和 $P=\{P_1,P_2,P_3,P_4,P_5,P_6,P_7,P_8\}$。通过计算设计组织对设计人员和设计人员对组织的匹配契合度值，建立设计人员与组织的选择优先级矩阵，运用延迟认可算法，采用置换矩阵的方式进行匹配研究。

1. 建立产品创新设计人员与组织的匹配契合度值矩阵

根据设计人员与组织匹配因素分析及匹配契合度计算公式，分别得到设计组织对设计人员的匹配契合度值。各个设计组织对各个人员的匹配契合度值 T_{ij}（j =1,2,3,⋯, 8）值如表 5.4 所示。

表 5.4　设计组织对设计人员的匹配契合度值(二)

	P_1	P_2	P_3	⋯	P_6	P_7	P_8
O_1	3.255	3.005	3.810	⋯	3.890	4.36	3.434
O_2	2.605	4.505	3.605	⋯	3.560	4.011	3.605
O_3	3.635	2.815	3.760	⋯	3.365	3.963	3.272
O_4	3.405	3.055	3.665	⋯	3.665	4.265	3.135

续表

	P_1	P_2	P_3	…	P_6	P_7	P_8
O_4	3.405	3.055	3.665	…	3.665	4.265	3.135
O_5	3.570	4.395	3.505	…	3.815	4.495	3.510
O_6	3.115	4.255	3.655	…	3.450	3.135	4.195
O_7	3.460	3.605	3.345	…	3.410	4.105	3.585
O_8	3.225	2.935	3.875	…	2.82	2.585	4.315

同理，得到各个设计人员对组织的匹配契合度值 U_{ji}（i=1,2,3,…,8），如表 5.5 所示。

表 5.5　设计人员对设计组织的匹配契合度值(二)

	O_1	O_2	O_3	…	O_7	O_8
P_1	3.855	3.762	3.963	…	4.435	4.414
P_2	3.605	4.505	4.105	…	3.995	3.775
P_3	4.135	3.815	3.519	…	4.176	4.085
P_4	3.905	4.055	4.165	…	3.815	4.365
P_5	4.072	4.495	3.605	…	4.135	4.495
P_6	3.715	4.355	3.855	…	3.455	3.99
P_7	3.964	4.105	3.499	…	4.005	4.605
P_8	3.257	3.581	4.375	…	3.668	3.815

2. 建立设计人员与组织的选择优先级矩阵

通过计算设计组织对设计人员和设计人员对设计组织的匹配契合度值，求得设计人员与组织的双向匹配选择优先列表，如表 5.6 和表 5.7 所示。

表 5.6　设计组织对设计人员的选择优先列表(一)

排序	O_1	O_2	O_3	O_4	O_5	O_6	O_7	O_8
1	P_3	P_2	P_8	P_1	P_5	P_4	P_1	P_7
2	P_5	P_5	P_4	P_6	P_4	P_5	P_3	P_5
3	P_7	P_6	P_5	P_4	P_6	P_1	P_4	P_1

续表

排序	O_1	O_2	O_3	O_4	O_5	O_6	O_7	O_8
4	P_4	P_7	P_1	P_3	P_1	P_6	P_7	P_4
5	P_1	P_4	P_6	P_5	P_8	P_3	P_2	P_3
6	P_6	P_3	P_2	P_7	P_7	P_2	P_5	P_6
7	P_2	P_1	P_3	P_8	P_2	P_8	P_8	P_8
8	P_8	P_8	P_7	P_2	P_3	P_7	P_6	P_2

表 5.7　设计人员对设计组织的选择优先列表(一)

排序	P_1	P_2	P_3	P_4	P_5	P_6	P_7	P_8
1	O_3	O_2	O_8	O_3	O_4	O_2	O_7	O_8
2	O_5	O_5	O_3	O_2	O_3	O_3	O_2	O_6
3	O_7	O_6	O_4	O_5	O_8	O_4	O_5	O_2
4	O_4	O_7	O_2	O_8	O_5	O_5	O_1	O_7
5	O_1	O_4	O_5	O_7	O_6	O_7	O_4	O_5
6	O_8	O_1	O_1	O_1	O_1	O_8	O_3	O_1
7	O_6	O_8	O_6	O_6	O_2	O_1	O_6	O_3
8	O_2	O_3	O_7	O_4	O_7	O_6	O_8	O_4

3. 构建置换矩阵

由于置换矩阵表示匹配双方相互选择的优先级，令 $A_{8\times8}$、$B_{8\times8}$ 分别表示设计组织对设计人员的选择优先级矩阵和设计人员对设计组织的选择优先级矩阵。

$$A_{8\times8}=\begin{bmatrix}5&7&7&1&4&3&1&3\\7&1&6&8&7&6&5&8\\1&6&7&4&8&5&2&5\\4&5&2&3&2&1&3&4\\2&2&3&5&2&1&3&4\\6&3&5&2&3&4&8&6\\3&4&8&6&6&8&4&1\\8&8&1&7&5&7&7&7\end{bmatrix}$$

$$B_{8\times 8}=\begin{bmatrix} 5 & 6 & 6 & 6 & 6 & 7 & 4 & 6 \\ 8 & 1 & 4 & 2 & 7 & 1 & 2 & 3 \\ 1 & 8 & 2 & 1 & 7 & 1 & 2 & 3 \\ 4 & 5 & 3 & 8 & 2 & 2 & 6 & 7 \\ 2 & 2 & 5 & 3 & 4 & 4 & 3 & 5 \\ 3 & 4 & 8 & 5 & 8 & 5 & 1 & 4 \\ 6 & 7 & 1 & 4 & 3 & 6 & 8 & 1 \\ 8 & 8 & 1 & 7 & 5 & 7 & 7 & 7 \end{bmatrix}$$

其中，$A_{8\times 8}$ 中每一列为设计组织 O_i 对各个设计人员的选择优先级；$B_{8\times 8}$ 中每一列为设计人员 P_j 对各个设计组织的选择优先级。

根据置换矩阵分析过程，得到匹配矩阵为

$$C_{8\times 8}=\begin{bmatrix} 0 & 0 & 1 & 0 & 0 & 0 & 0 & 0 \\ 0 & 1 & 0 & 0 & 0 & 0 & 0 & 0 \\ 0 & 0 & 0 & 0 & 0 & 0 & 0 & 1 \\ 0 & 0 & 0 & 0 & 0 & 1 & 0 & 0 \\ 0 & 0 & 0 & 0 & 1 & 0 & 0 & 0 \\ 0 & 0 & 0 & 1 & 0 & 0 & 0 & 0 \\ 1 & 0 & 0 & 0 & 0 & 0 & 0 & 0 \\ 0 & 0 & 0 & 0 & 0 & 0 & 1 & 0 \end{bmatrix}$$

从而形成设计人员与组织优化匹配方案：(O_1，P_3)、(O_2，P_2)、(O_3，P_8)、(O_4，P_6)、(O_5，P_5)、(O_6，P_4)、(O_7，P_1)、(O_8，P_7)。

5.4.2 产品创新设计人员与组织数量不等条件下的优化匹配方案

在设计人员与组织数量不等的条件下，基于延迟认可算法，采用多阶段的方式进行人员和组织的双向匹配研究。

1. 建立设计人员与组织的选择优先级矩阵

现选取 8 个产品创新设计组织和 12 位设计人员参与双向匹配，分别记为 $O=\{O_1,O_2,O_3,O_4,O_5,O_6,O_7,O_8\}$ 和 $P=\{P_1,P_2,P_3,P_4,P_5,P_6,P_7,P_8,P_9,P_{10},P_{11},P_{12}\}$。通过计算组织对设计人员和设计人员对组织的匹配契合度值，求得设计人员与组织的双向匹配选择优先列表，如表 5.8 和表 5.9 所示。

表 5.8　设计组织对设计人员的选择优先列表(二)

排序	O_1	O_2	O_3	O_4	O_5	O_6	O_7	O_8
1	P_3	P_3	P_8	P_{12}	P_8	P_3	P_1	P_7
2	P_5	P_5	P_{10}	P_4	P_{11}	P_7	P_9	P_{10}
3	P_7	P_6	P_4	P_{10}	P_2	P_6	P_3	P_5
4	P_4	P_7	P_2	P_{11}	P_{12}	P_8	P_5	P_1
5	P_1	P_4	P_{11}	P_6	P_3	P_9	P_{10}	P_4
6	P_{10}	P_9	P_1	P_7	P_4	P_2	P_7	P_9
7	P_6	P_{11}	P_6	P_1	P_6	P_5	P_2	P_{12}
8	P_2	P_2	P_9	P_3	P_5	P_1	P_4	P_3
9	P_{11}	P_1	P_{12}	P_2	P_7	P_{12}	P_8	P_6
10	P_9	P_8	P_5	P_8	P_1	P_{11}	P_6	P_8
11	P_8	P_{12}	P_3	P_5	P_9	P_4	P_{11}	P_2
12	P_{12}	P_{10}	P_7	P_9	P_{10}	P_{10}	P_{12}	P_{11}

表 5.9　设计人员对设计组织的选择优先列表(二)

排序	P_1	P_2	P_3	P_4	P_5	P_6	P_7	P_8	P_9	P_{10}	P_{11}	P_{12}
1	O_3	O_2	O_8	O_1	O_3	O_2	O_4	O_6	O_5	O_1	O_7	O_8
2	O_5	O_5	O_3	O_2	O_8	O_3	O_3	O_7	O_3	O_5	O_2	O_6
3	O_7	O_6	O_4	O_3	O_1	O_5	O_1	O_1	O_2	O_4	O_5	O_2
4	O_4	O_7	O_2	O_5	O_6	O_6	O_5	O_3	O_1	O_2	O_1	O_7
5	O_1	O_4	O_5	O_7	O_5	O_7	O_2	O_5	O_4	O_6	O_4	O_5
6	O_8	O_1	O_1	O_8	O_2	O_8	O_6	O_2	O_6	O_7	O_3	O_1
7	O_6	O_8	O_6	O_6	O_4	O_1	O_7	O_4	O_7	O_3	O_6	O_3
8	O_2	O_3	O_7	O_4	O_7	O_4	O_8	O_8	O_8	O_8	O_8	O_4

根据上述设计组织对设计人员的选择优先列表和设计人员对设计组织的选择优先列表，计算得出二者的综合选择优先级排序表，如表 5.10 所示。

表 5.10　设计人员与设计组织综合选择优先级排序表

	P_1	P_2	P_3	P_4	P_5	P_6	P_7	P_8	P_9	P_{10}	P_{11}	P_{12}
O_1	(P_3, O_3)	(P_5,O_2)	(P_7,O_8)	(P_4,O_1)	(P_1,O_3)	(P_{10},O_2)	(P_6,O_4)	(P_2,O_6)	(P_{11},O_5)	(P_9,O_1)	(P_8,O_7)	(P_{12},O_8)
O_2	(P_3,O_5)	(P_5,O_5)	(P_6,O_3)	(P_7,O_2)	(P_4,O_8)	(P_9,O_3)	(P_{11},O_3)	(P_2,O_7)	(P_1,O_3)	(P_8,O_5)	(P_{12},O_2)	(P_{10},O_6)
O_3	(P_8,O_7)	(P_{10},O_6)	(P_4,O_4)	(P_2,O_3)	(P_{11},O_1)	(P_1,O_5)	(P_6,O_1)	(P_9,O_1)	(P_{12},O_2)	(P_5,O_4)	(P_3,O_5)	(P_7,O_2)
O_4	(P_{12},O_4)	(P_4,O_7)	(P_{10},O_2)	(P_{11},O_5)	(P_6,O_6)	(P_7,O_6)	(P_1,O_5)	(P_3,O_3)	(P_{11},O_1)	(P_8,O_2)	(P_5,O_1)	(P_9,O_7)

续表

排序	P_1	P_2	P_3	P_4	P_5	P_6	P_7	P_8	P_9	P_{10}	P_{11}	P_{12}
O_5	(P_8,O_1)	(P_{11},O_4)	(P_2,O_5)	(P_{12},O_7)	(P_3,O_5)	(P_4,O_7)	(P_6,O_2)	(P_5,O_5)	(P_7,O_4)	(P_1,O_6)	(P_9,O_4)	(P_{10},O_5)
O_6	(P_3,O_8)	(P_7,O_1)	(P_6,O_1)	(P_8,O_8)	(P_9,O_2)	(P_2,O_8)	(P_5,O_6)	(P_1,O_2)	(P_{12},O_6)	(P_{11},O_7)	(P_4,O_3)	(P_{10},O_1)
O_7	(P_1,O_6)	(P_9,O_8)	(P_3,O_6)	(P_5,O_6)	(P_{10},O_4)	(P_7,O_1)	(P_2,O_7)	(P_4,O_4)	(P_8,O_7)	(P_6,O_3)	(P_{11},O_6)	(P_{12},O_3)
O_8	(P_7,O_2)	(P_{10},O_3)	(P_5,O_7)	(P_1,O_4)	(P_4,O_7)	(P_9,O_4)	(P_{12},O_8)	(P_3,O_8)	(P_6,O_8)	(P_8,O_8)	(P_2,O_8)	(P_{11},O_4)

根据设计人员与组织的综合选择优先级排序表，分析双向匹配过程如下。

第一阶段的步骤如下。

步骤 1：设计组织 O_1 根据其对设计人员选择的优先级，提出与设计人员 P_3 匹配，由于 P_3 尚未匹配，故 O_1 与 P_3 匹配。

步骤 2：设计组织 O_2 根据其对设计人员选择的优先级，提出与设计人员 P_3 匹配，由于 P_3 已经和 O_1 形成匹配，对于 P_3 而言，需要比较 O_1 和 O_2 的优先级，由于 O_2 的优先级大于 O_1，所以 O_1 与 P_3 的匹配取消，O_2 和 P_3 进行匹配。

步骤 3：设计组织 O_1 根据其对设计人员选择的优先级，提出与在其优先级中排列第二的设计人员 P_5 匹配，由于 P_5 尚未匹配，故 O_1 与 P_5 匹配。

步骤 4：设计组织 O_3 根据其对设计人员选择的优先级，提出与设计人员 P_8 匹配，由于 P_8 尚未匹配，故 O_3 与 P_8 匹配。

步骤 5：设计组织 O_4 根据其对设计人员选择的优先级，提出与设计人员 P_{12} 匹配，由于 P_{12} 尚未匹配，故 O_4 与 P_{12} 匹配。

步骤 6：设计组织 O_5 根据其对设计人员选择的优先级，提出与设计人员 P_8 匹配，由于 P_8 已经和 O_3 形成匹配，对于 P_8 而言，需要比较 O_3 和 O_5 的优先级，由于 O_3 的优先级大于 O_5，所以 O_3 仍与 P_8 匹配。

步骤 7：设计组织 O_5 根据其对设计人员选择的优先级，提出与在其优先级中排列第二的设计人员 P_{11} 匹配，由于 P_{11} 尚未匹配，故 O_1 与 P_{11} 匹配。

步骤 8：设计组织 O_6 根据其对设计人员选择的优先级，提出与设计人员 P_7 匹配，由于 P_7 尚未匹配，故 O_6 与 P_7 匹配。

步骤 9：设计组织 O_7 根据其对设计人员选择的优先级，提出与设计人员 P_1 匹配，由于 P_1 尚未匹配，故 O_7 与 P_1 匹配。

步骤 10：设计组织 O_8 根据其对设计人员选择的优先级，提出与设计人员 P_7 匹配，由于 P_7 已经和 O_6 形成匹配，对于 P_7 而言，需要比较 O_6 和 O_8 的优先级，由于 O_6 的优先级大于 O_8，所以 O_6 仍与 P_7 匹配。

步骤 11：设计组织 O_8 根据其对设计人员选择的优先级，提出与在其优先级中排列第二的设计人员 P_{10} 匹配，由于 P_{10} 尚未匹配，故 O_8 与 P_{10} 匹配。

根据上述分析，通过第一次运算，得到匹配方案如下：(O_1, P_5)、(O_2, P_3)、

(O_3, P_8)、(O_4, P_{12})、(O_5, P_{11})、(O_6, P_7)、(O_7, P_1)、(O_8, P_{10})。

通过上述匹配，仍有四个设计人员 P_2、P_4、P_6、P_9 没有匹配，因此，将剩余的设计人员与设计组织进行第二阶段的匹配。

第二阶段步骤如下。

基于组织功能、特点等相关因素分析，对组织的重要程度进行排序，选取重要度前四位的组织 O_1、O_3、O_6、O_7 与剩余的四个设计人员 P_2、P_4、P_6、P_9 进行匹配，具体过程如下。

步骤 12：设计组织 O_1 根据其对设计人员选择的优先级，提出与设计人员 P_4 匹配，由于 P_4 尚未匹配，故 O_1 与 P_4 匹配。

步骤 13：设计组织 O_3 根据其对设计人员选择的优先级，提出与设计人员 P_4 匹配，由于 P_4 已经和 O_1 形成匹配，对于 P_4 而言，需要比较 O_1 和 O_3 的优先级，由于 O_1 的优先级大于 O_3，所以 O_1 仍与 P_4 匹配。

步骤 14：设计组织 O_3 根据其对设计人员选择的优先级，提出与在其优先级中排列第二的设计人员 P_2 匹配，由于 P_2 尚未匹配，故 O_3 与 P_2 匹配。

步骤 15：设计组织 O_6 根据其对设计人员选择的优先级，提出与设计人员 P_6 匹配，由于 P_6 尚未匹配，故 O_6 与 P_6 匹配。

步骤 16：设计组织 O_7 根据其对设计人员选择的优先级，提出与设计人员 P_9 匹配，由于 P_9 尚未匹配，故 O_7 与 P_9 匹配。

对剩余的设计人员和选取的设计组织进行匹配，得到的分配方案为 (O_1, P_4)、(O_3, P_2)、(O_6, P_6)、(O_7, P_9)。从而得到最终的设计人员与组织优化匹配方案：(O_1, P_5)、(O_2, P_3)、(O_3, P_8)、(O_4, P_{12})、(O_5, P_{11})、(O_6, P_7)、(O_7, P_1)、(O_8, P_{10})、(O_1, P_4)、(O_3, P_2)、(O_6, P_6)、(O_7, P_9)。

5.5　本 章 小 结

如何实现设计人员与组织的双向匹配、提升彼此的匹配满意度是进行产品创新中设计人员与设计组织最佳匹配的关键问题。本章针对双向匹配过程中存在的问题及匹配类型进行了分析，对设计人员与组织双向匹配进行了研究，针对设计人员与组织数量相等和不相等两种情况，运用延迟认可算法，采用置换矩阵的方式求解了设计人员与组织数量相等时的双向匹配问题，采用多阶段的方式求解了设计人员与组织数量不相等时的双向匹配问题。

通过上述研究，可确保设计组织选择出合适的设计人员，也可确保设计人员进入合适的组织，实现设计人员与组织的满意度最大化，从而达到设计人员与组织的双向匹配的最佳状态。

6 产品创新设计人员与组织匹配支持系统设计

为提高产品创新设计人员与组织匹配的效率，基于产品创新设计人员与组织匹配模型，设计相应的匹配支持系统，帮助组织管理者在多变的环境中准确、快速地分析和决策产品创新中设计人员与组织匹配问题。同时，信息技术使组织与人员匹配管理体系随着信息流的延伸或改变而突破过去封闭的管理模式，使得组织内的各级管理者及普通员工也能参与到组织与人员匹配的管理活动中来，从而丰富设计资源，提高设计效率。

6.1 匹配支持系统设计概述

6.1.1 系统设计的目标

从匹配影响因素识别、匹配测度、匹配优化三个阶段出发，设计一套支持产品创新设计人员与组织匹配的支持系统，以期实现设计人员与组织协同发展，提升组织效益、提高工作效率、增强人员满意度。具体而言，系统的设计目标主要有以下两点。

(1)实现产品创新设计人员与组织的最佳匹配。系统的首要目标是通过产品创新设计人员与组织匹配支持系统的建立，为组织管理者提供设计人员与组织匹配优化的决策支持，使组织领导者快速便捷地得出产品创新设计人员与组织匹配的优化方案，为提升产品创新设计组织效率奠定基础。

(2)提升产品创新设计人员与组织的匹配效率。通过产品创新设计人员与组织匹配支持系统的建立，管理者可以通过本匹配支持系统更加便捷、快速地实现设计人员与设计组织的匹配，实现设计人员与设计组织的协同发展，进而提升产品创新设计人员与组织匹配在实践过程中的效率。

6.1.2 系统设计的步骤及内容

科学、合理的系统设计是建立一个灵活、稳定、便于维护的管理信息系统的基础。产品创新设计人员与组织匹配支持系统的设计遵循一般的系统设计步骤，按概要设计阶段和详细设计阶段进行，主要设计内容如下。

(1)概要设计阶段的主要工作包括系统的应用特征分析、需求分析、模块划分、开发模式设计和开发环境配置等。

(2) 详细设计阶段的主要工作包括代码设计、数据库设计、输入输出设计及程序设计等。

其中，概要设计阶段的功能模块设计一般是根据已知的数据字典和数据流程图(data flow diagram, DFD)及设计出系统的功能模块结构图，明确模块的功能、各模块之间的接口和各模块间传递的消息；概要设计阶段的系统开发环境配置是根据系统分析中所确定的系统目标、功能、性能、环境与制约条件等因素，确定合适的计算机处理方式、体系结构，以及合适的计算机系统具体配置。

详细设计阶段的数据库设计是进行数据库的概念设计、逻辑设计和物理设计，其依据是系统分析报告等；详细设计阶段的代码设计是设计出管理信息系统中用到的各种代码；详细设计阶段的输入/输出设计是依据系统的目标、用户的使用习惯及可操作性，进行系统输入输出的内容、输入输出格式、输入输出方式和输入校验等方面的具体设计。

以上内容在系统设计阶段是按照一定的先后次序进行的，一般首先进行概要设计，包括系统配置设计或功能模块结构设计，然后进行详细设计，包括代码设计、数据库设计、输入输出设计和程序设计等具体内容，最后编写形成系统设计报告。

6.1.3　系统设计的原则

实现上述目标的同时，该系统还应具有较高的实用性。为此，提出以下几个系统设计原则。

(1) 整体性和统一性。整体性是指产品创新设计人员与组织匹配支持系统是一个统一的整体，因此局部应服从全局，使方案成为一个有机的整体。在匹配支持设计时，通常先对局部进行调查、分析和综合形成局部方案，然后将局部方案整合成总体设计方案。但是在进行局部设计时，要时刻注意匹配支持系统设计的整体性原则。统一性是指在匹配支持系统设计过程中，要从整个系统角度出发，有统一的传递语言、系统代码及标准的设计规范，对数据的采集尽量做到只需一次输入而能多次利用。

(2) 灵活性。灵活性是指该系统能够适应各种不同的使用环境和满足不断提出的新需求，以保持系统长久的生命力。另外，在系统的使用过程中不可避免地会暴露出系统在功能上的不完善，这就需要不断地对系统进行修改、扩充和完善。因此，系统应具有高扩展性和结构上的可变性，在开发系统时应尽可能采用模块化结构，减少各模块间的数据依赖性，提高各模块的独立性。这样既便于调试和维护，又容易增加新的内容。

(3) 可靠性。可靠性是指产品创新设计人员与组织匹配支持系统受外界干扰时的抵御力和受干扰后的恢复能力，这种能力主要体现在软、硬件运行的连续性和正确性。系统的可靠性包括计算机硬件、软件运行的正确性；系统检错及纠错的能力；在错误干扰下系统不会发生崩溃性瘫痪，而且具有恢复能力；系统的保密性和安全性等[156]。

(4)效率性。系统的效率性与系统的处理能力、处理速度、响应时间等指标有关。可以通过对系统的不断优化，使系统保持较高的运行效率。保证系统在数据量达到一定的量级时，仍可以稳定、高效地运行。

(5)维护性：设计先进的软件开发技术与开发模式，且模块划分合理，使功能模块的内聚性较好，耦合性较松，从而达到整个系统的可维护性较好[157, 158]。

(6)移植性。设计采用目前成熟的主流技术，使系统有很好的可移植性，若确需跨平台使用，只需要做简单的编译、配置即可[159, 160]。

(7)经济性。以满足系统需要为前提，最大限度节省系统的开销。首先，不盲目追求技术上的优势和软硬件的高端；其次，应使系统各模块的流程尽量简洁[161]。

上述几个原则在一定程度上既是互相矛盾，又是相辅相成的。例如，为了提高系统的可靠性需要采取各种校验和控制措施，这就势必会延长系统的处理时间、降低系统的效率性，同时也会增加系统的开销。但从另一个方面来看，提高系统的可靠性能保证系统长时间连续、正确地运行而不被中断，从而系统的整体工作效率就会相应地得到提高。对于不同的系统，因使用目的和功能不同，对上述原则的要求也有不同的侧重。因此，在系统设计时，要根据实际情况综合考虑以上原则。

6.2 匹配支持系统概要设计

产品创新设计人员与组织匹配支持系统的开发是一项复杂的工作，为了使系统的研发能够得以实现，必须以管理信息系统研发的理论与方法为支撑，以该系统的本质特征为出发点进行分析，以适宜的运行环境为平台，综合系统需求以成功研发出一个实用系统。在此，产品创新设计人员与组织匹配支持系统主要从匹配支持系统的应用特征、系统需求、系统模块、系统开发模式等方面设计。

6.2.1 系统应用特征分析

“产品创新设计人员与组织匹配管理”最为关键的特征有两个：一是贯穿于整个“人员与组织匹配”各个阶段；二是标量与向量同时存在，并且均不能有所忽略，因此数据结构表达与算法实现的同时考虑这两种量各自的特点，做出合适的设计来满足这两种计算需求，并且是有效和高效的。

标量在过程管理中不可或缺，其计算采用循环迭代最为有效；但向量采用矩阵计算最为有效，选择高度面向对象的函数式语言实现其算法最适宜。以上两种需求产生了严重冲突：面向对象的函数式语言在实现其算法(矩阵加工变换)的策略中要“去循环化”，否则其运行效率会降低，极端情形算法效率雪崩式下降，最终导致系统崩溃；另外，过程管理离开循环迭代算法(标量加工变换)将寸步难行，若仅采用“顺序”和“分支”结构实现其算法策略，这不是系统崩溃问题，而是开发人员无法完成系统研发任务。

综上所述，产品创新设计人员与组织匹配支持系统开发首先得解决好“过程管理”和“关键算法”中“标量与向量”各自特点的问题。

6.2.2 系统需求分析

需求分析是产品创新设计人员与组织匹配支持系统设计的基础，其主要任务是对产品创新设计人员与组织匹配模型的信息处理流程从系统的角度进行分析，主要内容是业务和数据流程是否流畅、合理，以及数据、业务过程和实现管理功能的关系。

业务流程分析是整个产品创新设计人员与组织匹配支持系统分析的基础，可以分析系统内各部分之间的业务关系、作业顺序和管理信息流向，其基本分析工具是通过标准符号绘制的业务流程图(transaction flow diagram，TFD)，常用的符号有以下五种，如图 6.1 所示。

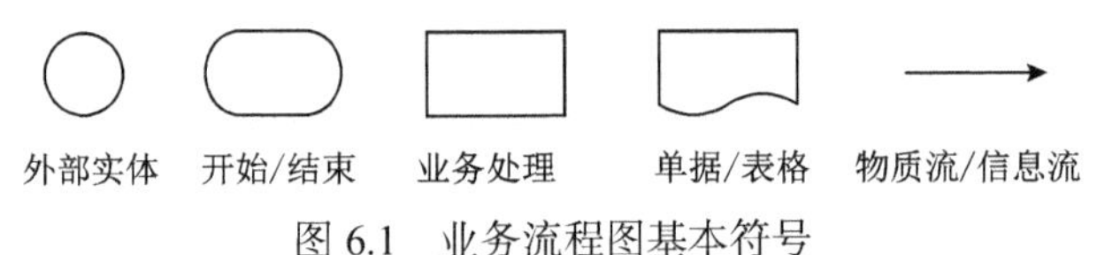

图 6.1　业务流程图基本符号

根据前文的产品创新设计人员与组织匹配模型，产品创新设计人员与组织匹配支持系统的主要业务流程有设计人员与组织匹配管理操作流程、设计人员与组织匹配关键影响因素识别流程、设计人员与组织匹配契合度计算流程、设计人员与组织单边匹配流程，以及设计人员与组织双边匹配流程等，具体分析如下。

(1) 设计人员与组织匹配管理操作流程，如图 6.2 所示。

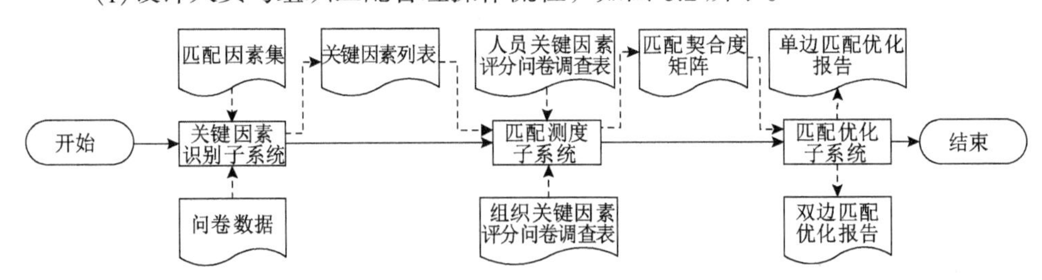

图 6.2　设计人员与组织匹配管理操作流程图

对产品创新设计人员与组织匹配管理业务，首先，设计关键因素识别子系统，以便根据调研问卷数据和匹配因素集识别关键因素；其次，匹配测度子系统根据关键因素列表、人员关键因素评分问卷调查表，以及组织关键因素评分问卷调查表输出匹配契合度矩阵；最后，匹配优化子系统根据匹配契合度矩阵输出单边匹配优化报告和双边匹配优化报告。

(2) 设计人员与组织匹配关键影响因素识别流程，如图 6.3 所示。

对产品创新设计人员与组织匹配关键影响因素识别业务，首先发放、提交并处理调研问卷，在此基础上进行模糊聚类分析，输出关键因素列表。

(3) 设计人员与组织匹配契合度计算流程，如图 6.4 所示。

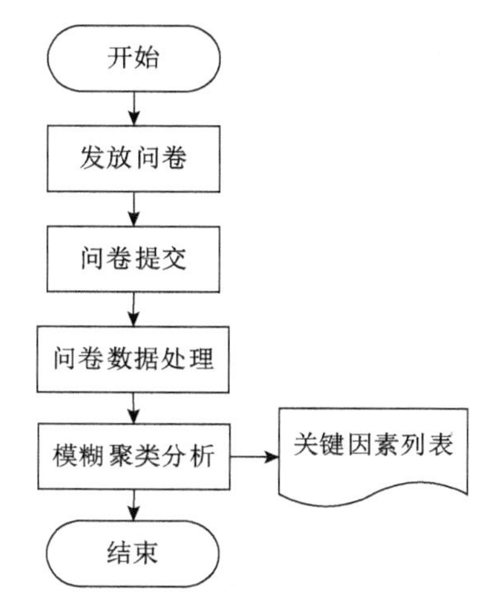

图 6.3　设计人员与组织匹配关键影响因素识别流程图

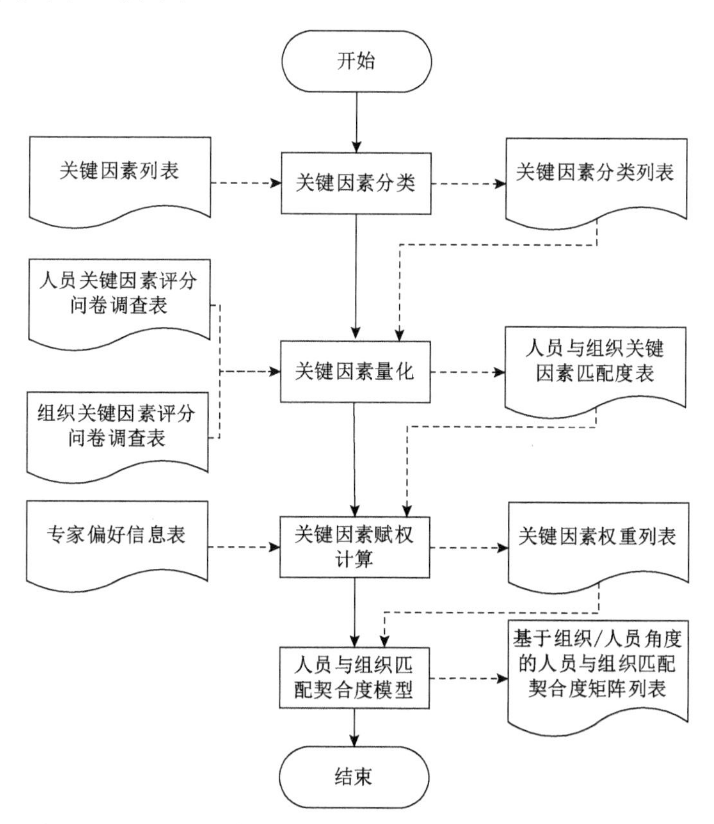

图 6.4　设计人员与组织匹配契合度计算流程图

对产品创新设计人员与组织匹配契合度计算业务，首先根据关键因素分类标准对关键因素列表中的内容进行分类，输出关键因素分类列表；其次，根据关键因素分类列表、人员关键因素评分问卷调查表和组织关键因素评分问卷调查表进行关键因素量化分析，输出人员与组织关键因素匹配度表；再次，根据人员与组织关键因素匹配度表和专家偏好信息表进行关键因素赋权计算，输出关键因素权重列表；最后，基于关键因素权重列表计算人员与组织匹配契合度，并输出基于组织/人员角度的人员与组织匹配契合度矩阵列表。

(4) 设计人员与组织单边匹配流程，如图 6.5 所示。

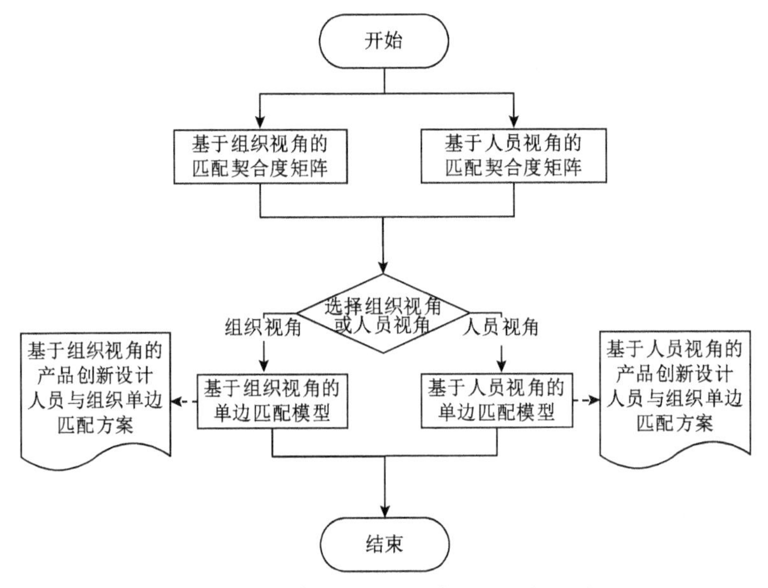

图 6.5 设计人员与组织单边匹配流程图

对产品创新设计人员与组织单边匹配业务，主要从人员及组织视角进行分析匹配，具体过程是分别以相应视角的匹配契合度矩阵为输入，经过该视角的单边匹配模型计算，输出该视角的产品创新设计人员与组织单边匹配方案。

(5) 设计人员与组织双边匹配流程，如图 6.6 所示。

对产品创新设计人员与组织双边匹配业务，首先，建立产品创新设计组织集合和人员集合，在此基础上分别计算选择设计人员的优先级和选择组织的优先级，输出产品创新设计人员与组织的选择优先级矩阵；其次，比较组织和人员数量，若二者相等，则以该矩阵为输入，采用置换矩阵的方式进行匹配，并输出产品创新设计人员与组织双边匹配方案；若二者不等，则采用多阶段方式进行匹配，最后输出产品创新设计人员与组织双边匹配方案。

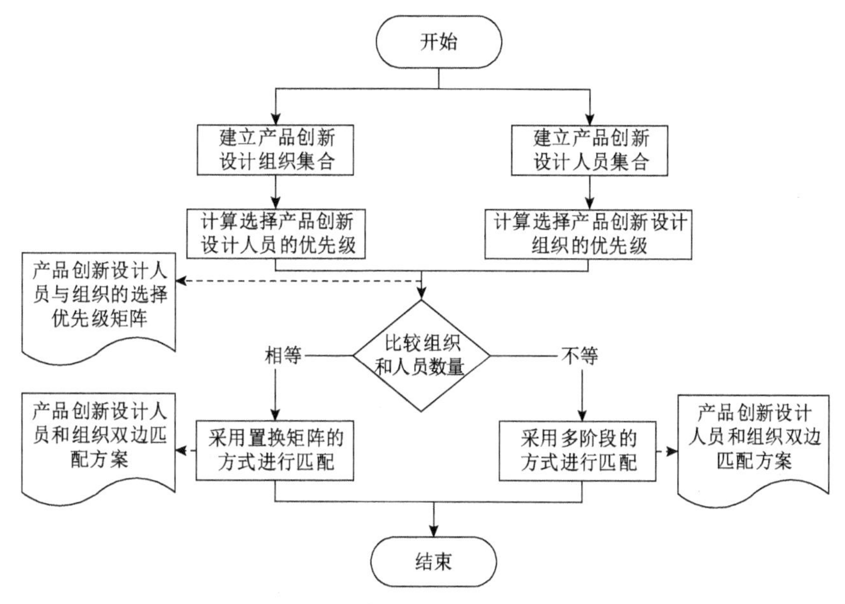

图 6.6　设计人员与组织双边匹配流程图

(6)因素模糊聚类分析算法流程，如图 6.7 所示。

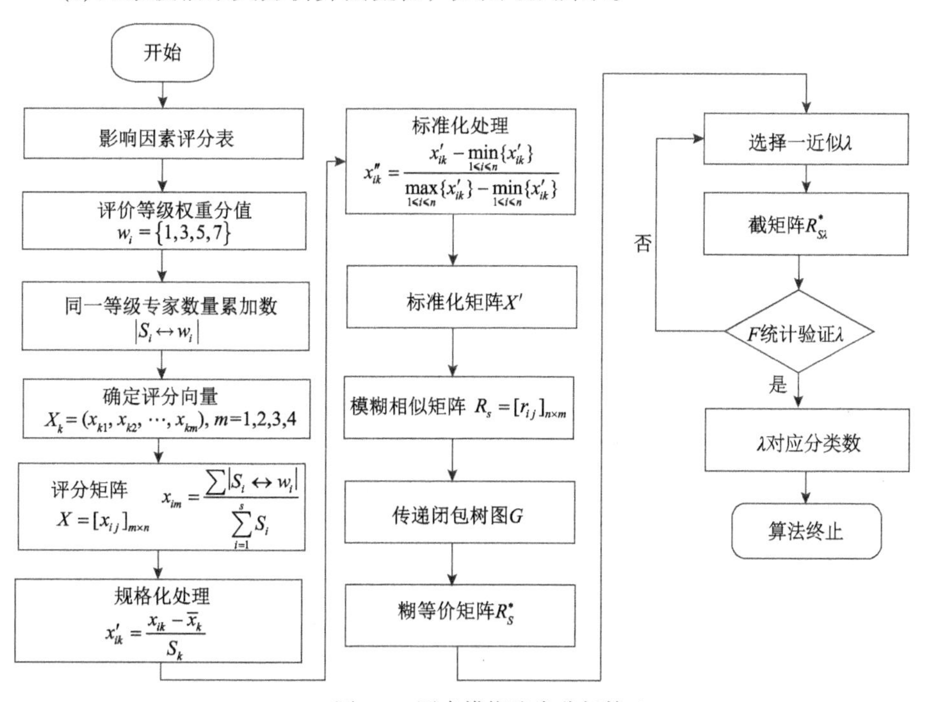

图 6.7　因素模糊聚类分析算法

(7) 测量影响因素权重算法流程，如图 6.8 所示。

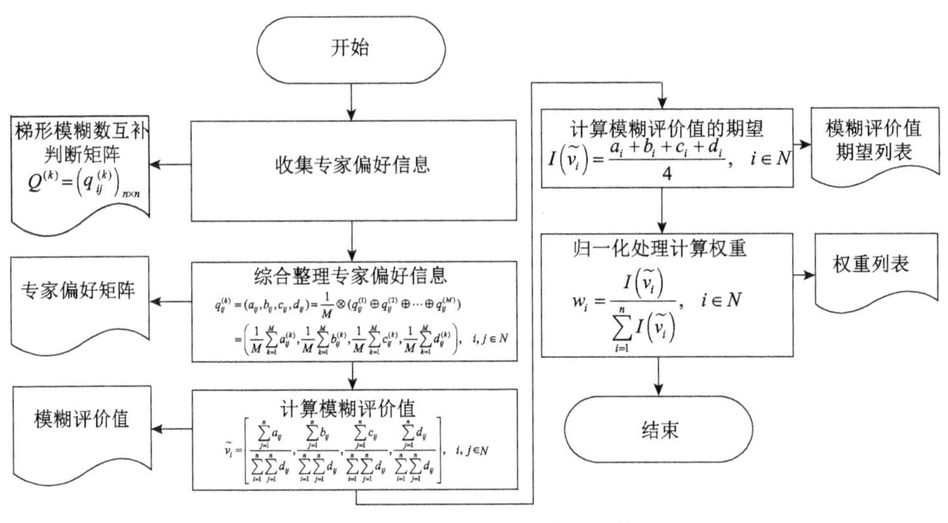

图 6.8　测量影响因素权重算法

(8) 产品创新设计人员与组织单边匹配算法，如图 6.9 所示。

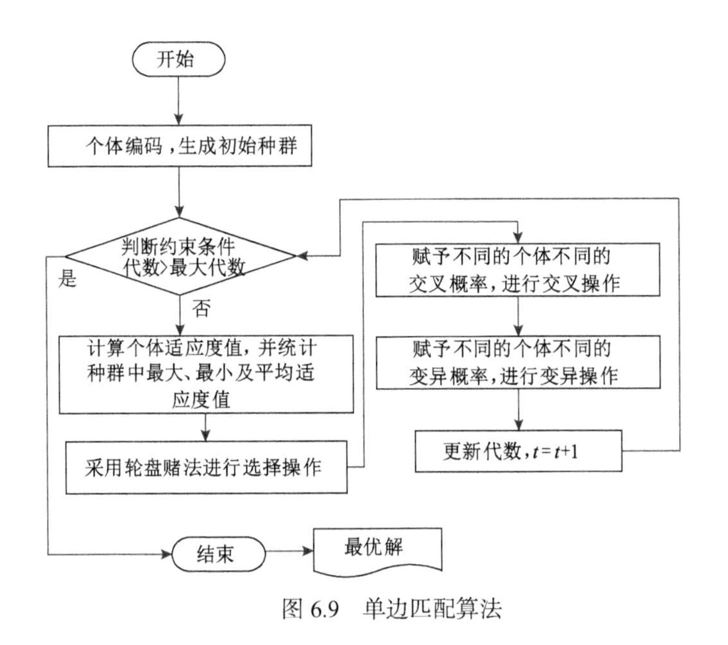

图 6.9　单边匹配算法

(9) 产品创新设计人员与组织双边匹配算法，如图 6.10 所示。

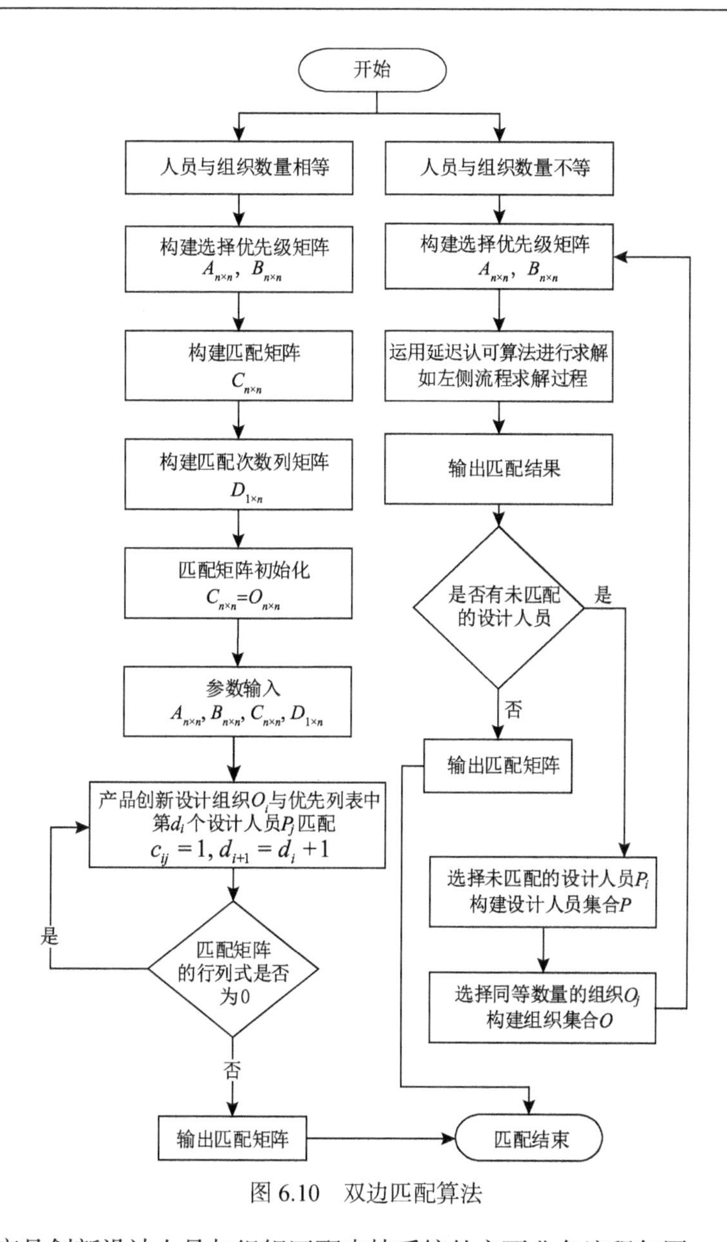

图 6.10 双边匹配算法

综上，产品创新设计人员与组织匹配支持系统的主要业务流程如图 6.11 所示。

在分析匹配支持系统的业务流程基础上，还需要进行数据流程分析，通过对信息在系统中的流动、变换和存储等的分析，发现和解决数据流动中的问题。目前数据流程分析是通过分层的数据流程图实现的，数据流程图是一种描述系统数据流程的主要工具，它使用少数符号全面描述信息的来龙去脉和实际流程，下面对其主要特征、功能及基本符号进行介绍。

数据流程图的主要特征：①抽象性。在数据流程图中不考虑信息载体、组织结构、处理工作等具体因素，只是抽象地反映信息的流动、加工、存储和使用情况，将一个实际的系统抽象为一个逻辑模型。②概括性。通过信息将系统中的各种处理过程联系起来，形成一个整体，具有很强的概括性。

数据流程图的功能：①自上向下分析数据流的情况；②根据数据存储作进一步的数据分析；③根据数据流向确定数据的存取方式；♍对于相应的处理方法可用程序语言表达处理过程。

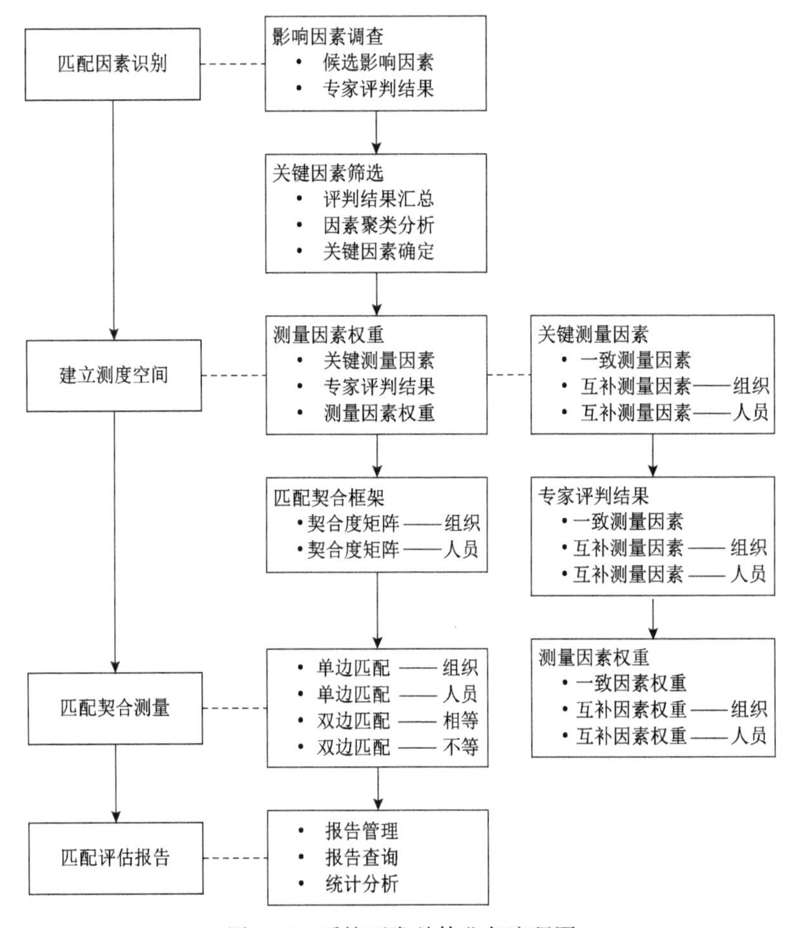

图 6.11　系统开发总体业务流程图

数据流程图的符号：数据流程图有四种基本元素，即外部实体、处理、数据流、数据存储，这四种元素比较简单，方便使用，容易掌握，具体如图 6.12 所示。

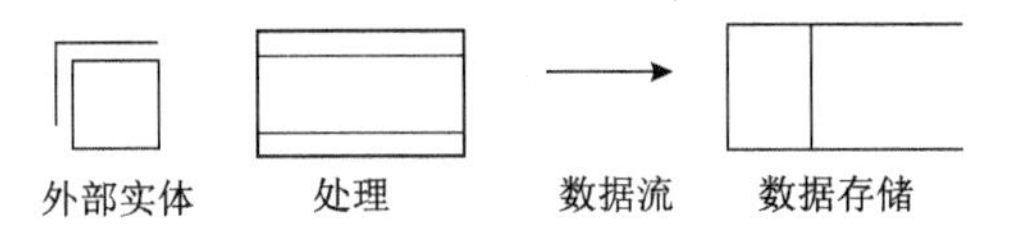

图 6.12　数据流程图的基本符号

外部实体指系统之外的，但是和本系统存在信息传递关系的人或部门，即向本系统发送数据或从本系统接收数据。外部实体用一个正方形，并在其左上角外加一个直角来表示，方框内要标注外部实体的名称。

处理是指对数据的逻辑处理功能。在数据流程图中，处理是一个对输入数据进行加工，变换成输出数据流的逻辑处理过程。如果把数据流比喻为零部件传送带，数据存储是零部件的仓库，那么每道加工工序就相当于数据流程图中的处理功能。一般用一个长方形表示处理逻辑。

数据流是指处理功能的输入或输出，是一项数据或一组数据。数据流意味着各种各样的信息传输，如数据的传递、抽取和存入等。通常用一个带箭头的直线表示数据流，箭头方向表示数据的流动方向。

数据存储是指对数据记录文件的读写处理，同时标明存储数据的地方。通常用右边开口的长方形条表示。

根据产品创新设计人员与组织匹配系统的数据处理过程，绘制匹配支持系统的数据流程图，如图 6.13 所示。首先，系统管理员根据匹配因素集和调研问卷数据进行关键因素分析，输出关键因素集；其次，在此基础上根据人员和组织关键因素评分进行匹配测度分析，输出匹配契合度；最后，基于此根据组织信息和人员信息进行匹配优化输出匹配报告并发送给系统管理员。

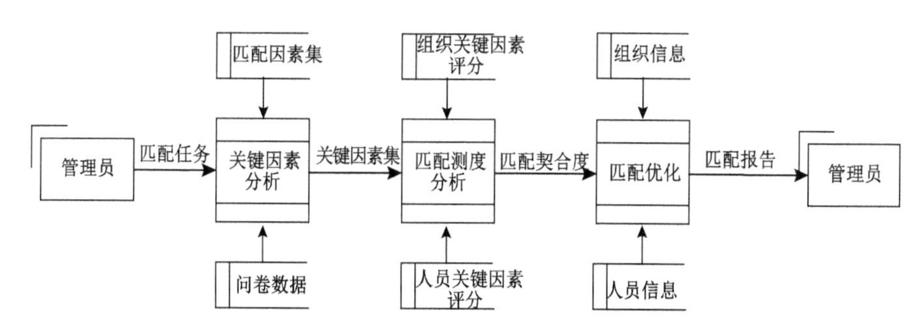

图 6.13 设计人员与组织匹配数据流程图

6.2.3 系统模块划分

根据业务分析结果和数据分析结果导出产品创新设计人员与组织匹配支持系统的功能结构，如图 6.14 所示。

从图 6.14 可知，产品创新设计人员与组织匹配支持系统主要包括六大模块，分别是系统管理、基础管理、匹配因素识别、建立测度空间、匹配契合测量和匹配评估报告，各模块主要内容如下。

系统管理模块的主要内容与一般系统模块内容一样，具体可分为模块管理和用户管理。

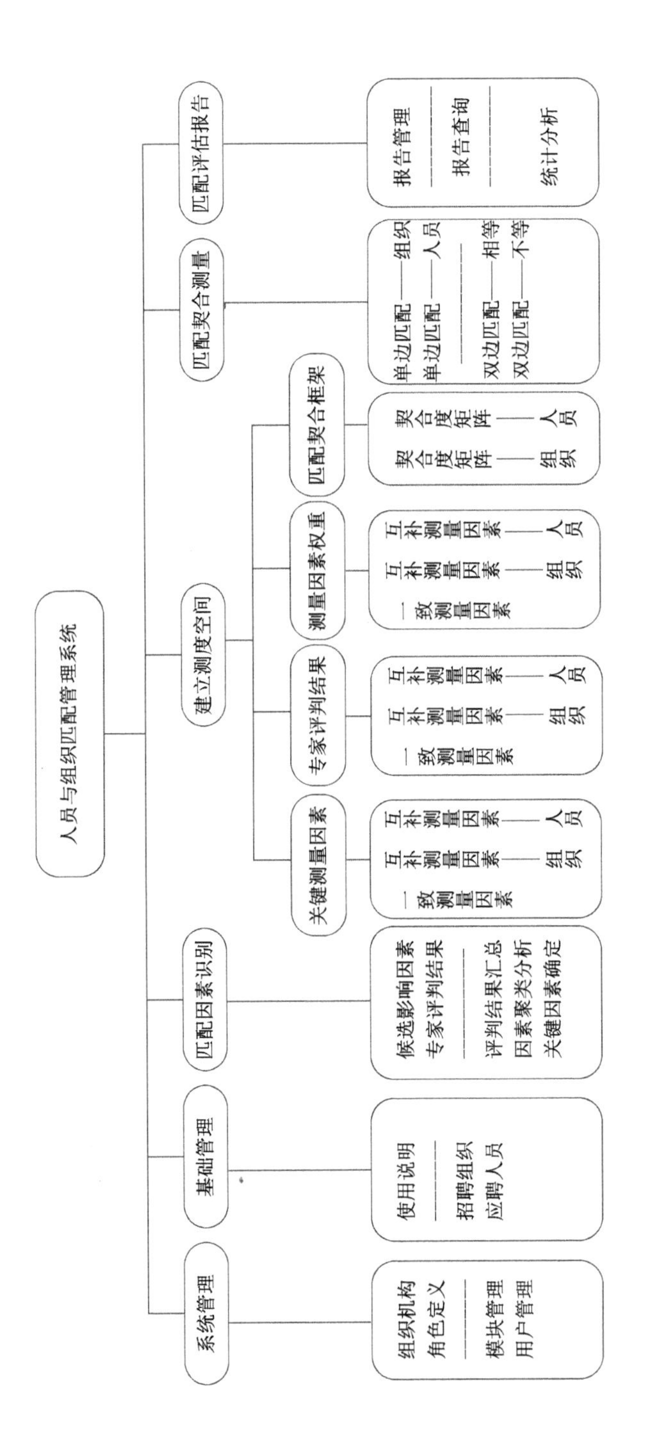

图6.14 系统功能结构图

基础管理模块的主要内容包括招聘组织和应聘人员的介绍。

匹配因素识别模块的主要根据候选影响因素、专家评判结果进行因素聚类分析和关键因素确定。

建立测度空间模块的内容较为复杂，包括关键测量因素、专家评判结果、测量因素权重和匹配契合框架四个子模块。其中，对于前三个子模块，均需从组织及人员角度进行互补测量因素分析和一致测量因素分析；而对于匹配契合框架子模块，需要从人员及组织角度分析契合度矩阵。

匹配契合测量模块主要包括从人员和组织角度进行的单边匹配、人员与组织数量相等和不等情况下的双边匹配。

匹配评估报告模块主要进行匹配评估报告的管理、查询及统计分析工作。

6.2.4 系统开发模式设计

目前，有两种基于网络的系统开发模式，分别为浏览器/服务器(brower/server, B/S)模式和客户/服务器(client/server, C/S)模式，主要从以下五个方面进行区别。

(1)结构层次不同。C/S 模式是两层结构，应用程序集中在客户端；B/S 模式是三层结构，只有一小部分业务处理在客户端，主要业务处理集中在服务器端。B/S 模式中只需安装和维护一个服务器，客户端采用浏览器软件。

(2)硬件环境不同。C/S 模式基本都是建立在专用网络上，所有客户端必须安装和配置复杂的应用程序软件才可以，而 B/S 模式则是建立在广域网上，客户端只要有浏览器和操作系统就行。

(3)支持连接的用户数量不同。C/S 模式主要是在局域网环境展开应用的，可连接的用户数量有限，而 B/S 模式是在广域网环境展开应用，有更强的使用范围，可以支持更多数量的用户连接使用。

(4)用户接口不同。C/S 大多建立在 Windows 平台上，表现方法有限，对程序员的要求普遍较高；建立在浏览器上的 B/S，与用户交流的表现方式更加生动，也更加丰富。

(5)系统维护费用不同。B/S 由构件组合而成，只需维护服务器，客户端免维护，不仅容易升级，而且费用较低，而由于 C/S 程序的整体性，其升级和维护涉及所有服务器和客户端，则会产生巨大的费用[162]。

由于网上系统的内容需要不断更新，用户数量大，且地域很不集中，所以产品创新设计人员与组织匹配支持系统决定采用集中的 B/S 应用模式。由于要求系统具备高度可伸缩性，亦即小到可以在单机上一个人使用，大到可以部署到数据中心为很多人共享使用，采用如下 N-tier 结构开发本系统，如图 6.15 所示。

此开发模式是基于 J2EE(一个为大企业主机级的计算类型设计的 Java 平台)标准，构建在 Eclipse 上的一个可复用应用架构，并采用了目前软件开发领域先进、成熟，且得到广泛应用的开源技术和框架。

(1) MVC (Model/View/Controller) 体系结构：MVC 层次结构使得应用的业务、数据和表达逻辑相分离，由于应用被分离为三层，这种结构能更好地满足产品创新设计人员与组织匹配支持系统的变更需求。一个应用的业务流程或业务规则改变只需改动 MVC 的模型层，增强了应用系统随需而变的能力。

(2) Eclipse：可扩展的开源集成开发环境 (integrated development environment, IDE)，由一个开发框架和一组服务构成，其可扩展性基于独特的插件机制，通过这种机制提供一个统一的集成开发环境，并实现了产品创新设计人员与组织匹配支持系统组件之间的互操作性。

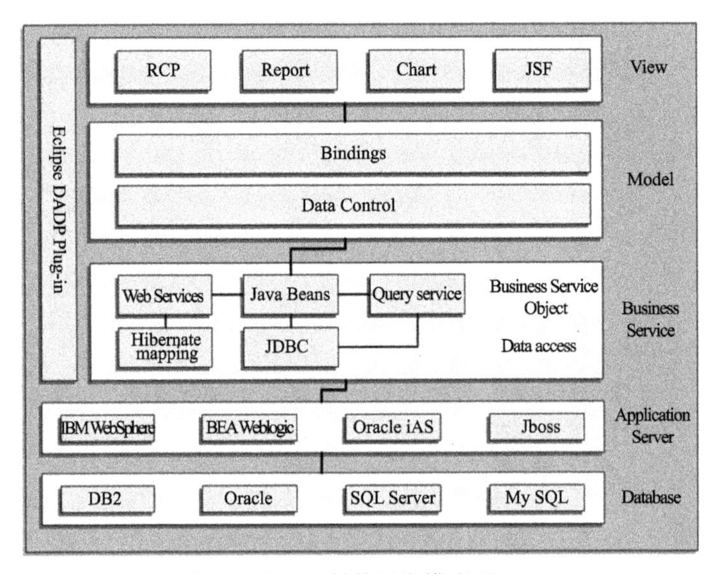

图 6.15　N-tier 结构开发模式图

(3) Spring：该框架为建立企业级产品创新设计人员与组织匹配支持系统提供了一个轻量级解决方案，它为应用开发提供丰富的组件，而且这些组件不相互依赖，用户可以有选择性地使用这些组件。Spring 无侵入性，可根据实际情况确定使用范围，应用对框架不存在必然的依赖性。DADP 采用了其中的 Core、Context、AOP (aspect oriented programming，面向切面编程)、DAO (data access object，数据访问对象)、ORM (object relational mapping，对象关系映射) 组件，这可方便地实现应用的可配置性。

(4) Hibernate：面向 Java 环境的对象/关系映射管理工具，实现将产品创新设计人员与组织匹配支持系统中模型表示的对象映射到基于 SQL 的关系模型数据结构中。它不仅管理 Java 类到数据库表的映射，还提供数据查询和获取方法，避免开发人员直接使用 JDBC，从而大幅度减少开发时间，有效提高了组件重用率，提高了系统的可移植性。

(5) Web Service：基于 XML (extensible markup language，可扩展标记语言) 技

术的业务逻辑调用机制，产品创新设计人员与组织匹配支持系统中，客户端使用标准的协议通过接口和代理访问远程对象，并可在这些对象上进行操作，降低了模块耦合度，提高了可移植性[163]。

(6) Log4j：开源的日志记录器，易于集成而不必付出降低性能的代价，通过配置文件进行灵活配置，不需要修改应用代码。

基于 J2EE 的 DADP 应用开发平台有以下组成部分。

(1) DADP Plug-in for Eclipse：基于 Eclipse 的插件，它针对开发的产品创新设计人员与组织匹配支持系统各个层次提供一组向导，使得开发人员能够由向导一步一步生成统一高效的应用程序框架及代码。

(2) Business Service 层：管理与数据库持久层之间的交互，提供数据持久化、对象关系映射、事务管理等服务。Business Service 对 Hibernate 及 Web Service 进行封装，向导式完成 Hibernate 对象关系映射、数据持久化、事务管理，以及调用这些操作的 Web Service 而不用手写代码和配置文件。

(3) Model 层：连接 Business Service 对象和使用这些对象的其他层。DADP 的 Data Control 抽象掉 Business Service 的具体实现细节，Binding 将 Data Control 的方法及属性呈现为 UI (user interface，用户界面) 组件，构成清晰的 View 和 Model 分离模式。

(4) Controller 层：控制应用程序执行流向。对于 Web 应用，DADP 采用 JSF 实现 Controller；对于 RCP 应用，则不需要单独的 Controller 层。

(5) View 层：应用展示层，为用户提供交互界面。DADP 具有包括树、表、主从表(左右、上下)、树表、左树右表、日期、图形等插件式组件，这些组件与 DADP Binding 无缝集成，让开发人员用一致的方法来操作数据[164]。

6.3 匹配支持系统详细设计

系统详细设计是概要设计后的下一个阶段，本阶段的主要目标是系统具体设计，主要内容有系统的数据库设计、代码设计、输入输出设计及程序设计。

6.3.1 系统数据库设计

根据产品创新设计人员与组织匹配支持系统概要设计阶段的分析成果，将匹配支持系统关键业务涉及的实体和系统管理涉及的实体进行综合聚类，抽象出 28 个实体，其关系如图 6.16 (E-R 图) 所示，在概念信息模型 E-R 图的基础上，再对其进行综合、聚类、抽象、优化，导出本系统满足 3NF (即第三范式是要求一个数据库表中不包括已在其他表中包含的非主关键字信息) 的数据库模型 (基表+表间关系)，如图 6.17 所示[165]。

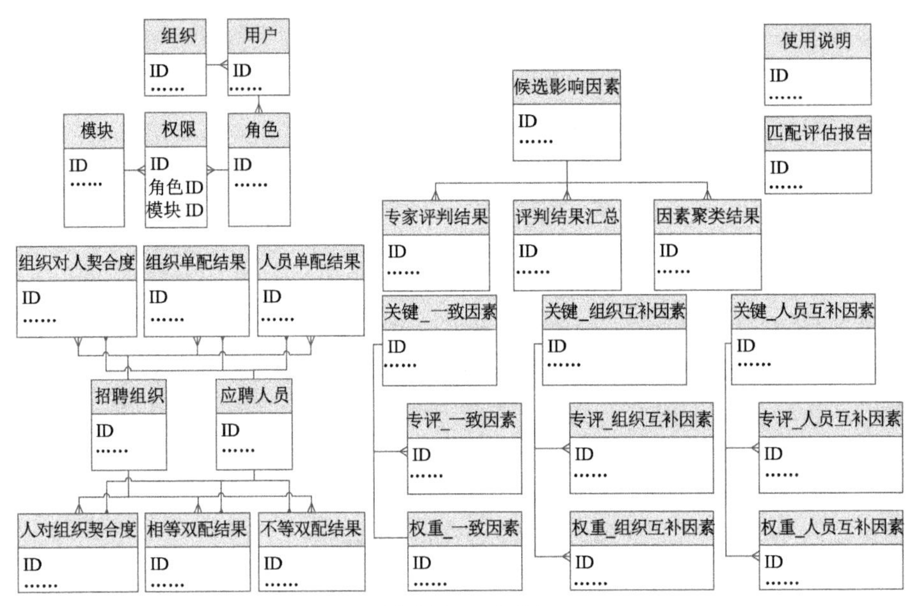

图 6.16　E-R 图

6.3.2　系统代码设计

由于目前计算机还无法识别客观世界中的具体事物，需要以数字或字符来代表各种客观实体。在系统设计阶段，设计出一个良好的代码方案可以把现阶段难以用计算机处理的工作变得简单。设计代码时应遵循唯一性、标准化与通用性、合理性、稳定性、直观性和简洁性等原则。为此，采用首字母代码的方式对产品创新设计人员与组织匹配支持系统的 28 个实体设计代码，具体如表 6.1 所示。

表 6.1　代码设计

实体名称	字母代码	实体名称	字母代码
组织	ZZ	匹配评估报告	PPPGBG
用户	YH	专家评判结果	ZJPPJG
模块	MK	评判结果汇总	PPJGHZ
权限	QX	因素聚类结果	YSJLJG
角色	JS	关键_一致因素	GJYYYS
组织对人员契合度	ZZDRYQHD	关键_组织互补因素	GJZZHBYS
组织单配结果	ZZDPJG	关键_人员互补因素	GJRYHBYS
人员单配结果	RYDPJG	专评_一致因素	ZPYYYS
招聘组织	ZPZZ	专评_组织互补因素	ZPZZHBYS
应聘人员	YPRY	专评_人员互补因素	ZPRYHBYS
人对组织契合度	RDZZQHD	权重_一致因素	QZYZYS
相等双配结果	XDSPJG	权重_组织互补因素	QZZZHBYS
不等双配结果	BDSPJG	权重_人员互补因素	QZRYHBYS
候选影响因素	HXYXYS	使用说明	SYSM

组织	
ID	char(32)
代码	char(6)
名称	varchar(50)
类型	int
状态	int
职能	varchar(4000)

用户	
ID	char (32)
组织ID	char (32)
角色ID	char (32)
名称	varchar (50)
账号	varchar (20)
密码	varchar (20)
备注	varchar (200)

角色	
ID	char(32)
权限ID	char(32)
名称	varchar (50)
描述	varchar (200)

权限	
ID	char(32)
角色ID	char(32)
模块ID	char(32)

模块	
ID	char(32)
名称	char(32)
URL	varchar(200)

招聘组织	
ID	char(32)
代码	char(6)
名称	varchar(50)
类型	int
招聘要求	varchar(4000)

应聘人员	
ID	char(32)
代码	char(6)
姓名	varchar(50)
性别	int
生日	date
地址	varchar(200)
电话	varchar(100)
邮箱	varchar(100)
毕业学校	varchar(100)
学历	varchar(100)
专业	varchar(100)
毕业日期	date
资质证书	varchar(100)

使用说明	
ID	char(32)
事项	varchar(50)
事项说明	varchar(4000)

匹配评估报告	
ID	char(32)
招聘代码	varchar(8)
招聘结果	varchar(200)
招聘总结	varchar(4000)

候选影响因素	
ID	char(32)
代码	char(5)
名称	varchar(100)
类别	int

专家评判结果	
ID	char(32)
因素ID	char(32)
专家ID	char(32)
选项	int

评判结果汇总	
ID	char(32)
因素ID	char(32)
不重要	int
一般	int
重要	int
很重要	int

因素聚类结果	
ID	char(32)
因素ID	char(32)
不重要	float
一般	float
重要	float
很重要	float

关键因素评分	
ID	char(32)
组织ID	char(32)
人员ID	char(32)
因素ID	char(32)
评分	int

关键因素权重	
ID	char(32)
组织ID	char(32)
人员ID	char(32)
因素ID	char(32)
权重	float

匹配契合度	
ID	char(32)
组织ID	char(32)
人员ID	char(32)
契合度	float
类型	int

匹配结果	
ID	char(32)
组织ID	char(32)
人员ID	char(32)
匹配度	float
类型	int

图6.17　数据库基表

6.3.3 系统输入设计

管理信息系统的输入的作用是完成系统内外部信息的转换。输入设计非常重要，作为用户与信息系统之间的交互纽带，对人机交互的效率的大小起着决定性的作用。输入设计应该遵循最小量、简单性、早校对、少转换和减少延迟等原则。目前常用的输入模式有键盘输入、扫描输入、传感器输入等模拟数字转换方式和网络传输数据及磁盘、光盘传送数据等。

根据产品创新设计人员与组织系统现有资源，在此选用键盘输入方式。

6.3.4 系统输出设计

输出设计主要是采用现有的输出设备，给出用户需求的结果。可用的输出模式有显示输出、卡片和纸袋输出、缩微胶片输出、磁盘和光盘输出等。不同的输出模式所使用的输出介质和输出设备也不尽相同。

根据产品创新设计人员与组织匹配支持系统主要用于查询和检索的功能，在此选用显示输出方式，这种方式实时、高效、能节省时间和纸张耗材。

6.3.5 系统程序设计

根据系统程序设计的特点及主要矛盾，继而需要面对存在的问题寻找有针对性的解决方案，以期有效解决上述两个“水火不相容”的矛盾。以下分别从核心算法和过程管理两个方面对开发环境进行设计。

(1) 核心算法：设计采用面向对象的函数式 R 语言。如此决策的理由是：①R 的主要数据结构为向量、矩阵、列表、因子和数据框等，在其上建立本应用的核心算法，能取得事半功倍的效果，因此选择 R 关键性考量；②R 标准算符涵盖了本书定义的⊕和⊗等算子，具备完整的矩阵运算函数和算符；③R 提供了和数据库管理系统交换数据的有效机制；④R 提供开发并行计算程序的高端机制，这使得高效利用计算资源成为可能，也为解决以大规模计算为前提的本系统的性能问题提供了有效的手段。

(2) 过程管理：设计采用面向对象的 Java 语言。如此决策的理由是：①以 Java 为属主语言将 R 作为组件嵌入其中，形成一个有机的融合环境，构成能够有效解决“两个矛盾”的研发支撑平台，这是选择 Java 语言的核心考量；②Java 是开源语言，不会涉及知识产权问题；③Java 阵营庞大，不会将命运系于某一个商业公司；④基于 Java 可以构建一个不涉及知识产权的开发与运行的完整环境[166]。

两个“水火不相容”的矛盾“应该可以”通过上述有针对性的设计方案得到解决。但是，让“应该可以”变为“可以”的关键，是要将“Java + R”完全整合为一个有机的融合体，使得各尽其能，发挥 1+1>2 优势。Java 与 R 的有效融合是本系统研发需要解决的首要问题。

7 产品创新设计人员与组织匹配支持系统实施和管理

系统实施是继系统设计之后的又一阶段工作，它是一个实现并运行系统设计的结果，然后交付用户使用的过程。

7.1 匹配支持系统实施概述

7.1.1 系统实施的任务

系统实施是将新系统投入实际的时间环节，并在设计阶段实现了新的系统物理模型。该阶段的主要内容包括以下四个方面。

(1) 系统实施环境的建立。根据系统设计方案购买、安装和调试设备，包括计算机硬件/软件、输入输出设备、存储设备、稳压电源和其他辅助设备。

(2) 人员培训。对新用户进行相关的知识普及和教育、计算机操作培训等，如产品创新设计人员与组织匹配支持系统方面的培训。

(3) 数据准备与输入。准备和录入产品创新设计人员与组织匹配支持系统数据，以便进行调试。由于数据准备的劳动量较大，需要花费较长的时间，因此该项工作可以提前进行。

(4) 系统的测试与调试。在数据录入的基础上，测试及调试产品创新设计人员与组织匹配支持系统的功能。

7.1.2 系统实施的特点

系统实施是一项复杂的工作，在实施过程中会投入大量的人力、财力、时间和物力，因此需要合理安排这些资源。与系统设计阶段相比，本阶段的主要特点可归纳如下。

(1) 工作量大。不仅建立系统实施的硬件、软件和网络环境是一项高技术含量、劳动强度大的任务，而且按照详细设计阶段选定的语言编写应用程序也是系统实施中工作量巨大的任务。

(2) 投入资源多。系统实施阶段不仅涉及大量人员，如各级管理人员、技术开发人员、系统测试人员、系统操作和维护人员等，而且需要投入大量物力、财力和时间，因为本阶段一般花费时间较长，不同工作需要不同的物力支持。

7.2 匹配支持系统测试目的与原则

系统测试是系统开发过程中的一个重要过程，它通过检验程序设计工作来保证系统的可靠性和质量。在产品创新设计人员与组织匹配支持系统开发过程中，面对匹配因素识别、关键因素量化及匹配契合计算等错综复杂的问题时，系统开发人员的主观认识和产品创新设计人员与组织匹配过程不可能完全吻合，开发人员之间的思想交流也不可能十分完善。所以，在产品创新设计人员与组织匹配支持系统开发周期的各个阶段都不可避免地会出现差错。对于这样的问题，系统开发人员应力求在每一阶段结束前都要认真进行技术审查，尽早找出错误并纠正，否则等到系统投入运行后再改正错误，将浪费巨大的人力、物力，甚至有可能导致整个系统的瘫痪[167]。然而，历史经验表明，只通过技术审查并不能诊断出产品创新设计人员与组织匹配支持系统的全部差错，而且在程序设计阶段不可避免产生新的错误，调试开发系统是不可缺少的环节，且对于保证系统的质量非常关键。统计表明，对于一些规模较大的开发系统，系统开发的总工作量中，往往有 40%以上被系统调试所占用。

调试的目的是发现并及时纠正现有系统中存在的错误，以免造成人力、财力、物力等资源的巨大损耗，所以在对开发系统调试时应找到使各个模块都投入运行的方法，并尽可能多地找出错误，提高产品创新设计人员与组织匹配支持系统的质量和可靠性。然而，虽然系统调试是发现系统错误的主要途径，但是调试通过后，系统并不能被证实是完全正确的，只能表明各模块和每个子系统之间的连接及它们的功能是正常的。系统交付用户后，系统维护过程中仍然会出现少量错误，这是正常现象。

7.3 匹配支持系统评价

产品创新设计人员与组织匹配支持系统投入运行后，在日常运行和管理的基础上，建立系统评价体系，分析系统工作质量、投入产出比、对组织内部各部分的影响和对信息资源利用的情况等，为系统的进一步开发、维护和更新提供依据。系统评价的目的是通过审查系统运行过程和绩效，来检查其是否达到了预期的目标，是否充分利用了系统内各种计算机资源和信息资源，是否完善了系统的管理工作，然后初步确定将来对系统的改进方向。

系统现场实际测试数据和日常运行记录是匹配支持系统评价的主要依据。通常情况下，新系统的第一次评价与系统的验收同时进行，以后每隔半年或一年进行一次。第一次参加评价的人员有系统开发人员、系统管理人员、用户、用户单位领导和国外的专家等。评价后的工作主要是系统管理人员、用户和单位领导参加。由于配套的支持系统在运行与维护过程中不是静态的，系统评价应定期进行或每当系统有较大改进后进行。系统评价结论以书面评估报告或鉴定意见等方式展现，作为匹配支持系统的一个重要文件，该评价体系的结论应存放档案，妥善保管。目前一般的系统评价体系多采用多指标、定量分析，表示出系统的工作质量，在此基础上用加权等方法将各个指标组合成一个综合指标。系统运行评价指标一般从四个方面展开，分别是预定的系统开发目标的完成情况评价、系统性能评价、设备运行效率评价和经济效益评价等，具体内容如下。

(1)匹配支持系统对预定的系统开发目标的完成情况评价:①根据匹配支持系统的预期实现目标检查系统实际完成情况；②企业高低层管理人员的满意程度、进一步的改进意见和建议；③人力、财力、物力等资源的使用量是否超过所有量；④开发过程的文档是否规范合理；⑤系统功能和成本是否在预期之内；⑥系统可维护性、可扩展性和可移植性。

(2)系统性能评价:①系统运行的稳定性和可靠性;②系统的安全性和保密性;③系统管理、操作、运行状况的用户满意度；④系统对误操作保护和故障恢复的性能；⑤系统对人员与组织匹配效率的提高程度；⑥系统运行结果的科学性和实用性分析。

(3)设备运行效率的评价：①设备的运行效率；②数据传送、输入、输出与其加工处理速度的匹配情况；③各类设备资源的负荷平衡情况和利用率。

(4)经济效益评价:产品创新设计人员与组织匹配支持系统经济上的评价内容主要是系统的效果和效益，通常包括直接与间接两个方面。

一方面是直接评价内容，有投资回收期和系统运行所带来的新增效益等。系统的投资额和系统运行费用可以用货币来衡量，投资回收期用时间来衡量，系统运行所带来的新增效益既可以用货币衡量，也可以用系统运行对企业产生的有形影响衡量，如人员与组织匹配速度变化值、人员与组织匹配时间减少值、人员与组织匹配错误减少值等。

另一方面是间接评价内容，有对企业形象的改观和对员工技能的提高所起的作用，对企业人员与组织匹配管理流程的优化所起的作用，对企业各部门间、人员间协作精神的加强所起的作用等。

7.4 系统运行管理

7.4.1 日常管理与维护

1. 日常管理

匹配支持系统正式投入运行后，必须加强系统的日常管理，以保证系统的运行效率。而系统运行的日常管理决不仅是简单的机房环境和设施管理，更重要的是系统管理员根据匹配支持系统每天的运行状况，做出准确的数据输入和输出报告，并及时地记录、处理和存储。具体而言，系统的日常管理主要包括以下两个方面。

(1) 日常业务管理。匹配支持系统运行的常规管理包括匹配因素识别、关键因素分析、关键因素量化、人员与组织的单向匹配结果及人员与组织双向匹配结果等。此外，还包括简单的硬件管理和设施管理。

(2) 运行记录。记录系统运行情况是一件细致而复杂的工作，从系统开始投入运行就要抓好[39]。

2. 日常维护

首先，对数据文件的维护包括定期更新和不定期更新，需要在规定时间内维护好。维护程序可由开发人员提供，也可自行编制。其次，代码需要由各业务部门指定专人进行维护，通过他们来实施新代码。这样做的目的是要明确管理责任并能够有效避免和修正错误。

7.4.2 系统文档管理

文档是记录人们的思维活动及其工作结果的书面形式的文字资料。匹配支持系统实际上由系统实体及相应的文档两大部分组成，系统开发应根据文档的描述，对系统的运行与维护用文档来支持。

1. 系统文档及其管理的重要性

系统实际上由两部分组成，系统实体和相应的文档，系统的开发应基于文档的描述，系统实体的运行与维护更需要文档来支持。

系统文档不是一蹴而就的，它是在系统开发、运行与维护过程中不断地按阶段逐步编写、修改、完善与积累而形成的。如果没有系统文档或没有规范的系统文档，系统的开发、运行与维护会处于一种混浊状态，从而严重影响系统的质量，甚至导致系统开发或运行的失败。当系统开发人员发生变动时，问题尤为突出。系统文档是系统的生命线，没有文档就没有管理信息系统。

文档的重要性决定了文档管理的重要性，文档管理是有序地、规范地开发与运行信息系统所必须做好的重要工作。

2. 系统文档管理的主要内容

系统文档是相对稳定的，随着系统的运行及情况的变化，它们会有局部的修改与补充，当有较大的变化时，将会有一个新版本的系统文档。系统文档管理的主要内容有以下四点。

(1)文档标准与规范的制定。在系统开发前或至少在所产生的阶段前，按国家规定，结合系统的具体特点，制定文件的标准与规范。

(2) 指导与督促文档的编写。根据标准，指导与督促系统开发人员和使用人员及时准备相关资料。

(3)为保持文档的一致性与可追踪性，所有文档都要收全，集中统一保管。文档的存储、保管与借阅手续的办理等流程都要规范。

(4)虽然文档的管理不是一件日常工作，但因为对系统的质量至关重要而必须由专人负责，必须形成制度化[168]。

7.4.3 系统安全保密管理

匹配支持系统的安全与保密是一项非常重要的系统管理工作，因为系统的各种软硬件配置和系统运行过程中所积累的数据与信息是企业的一项重要资产。无论是系统软硬件的损坏还是数据与信息的泄露，都将给企业带来不可估量的损失，甚至危及企业的生存与发展。

系统的安全保密管理是为防止有意或无意地破坏或窃取匹配支持系统软硬件及信息资源行为的发生，避免企业遭受损失所采取的措施。一般来说，造成系统安全性和保密性问题的原因主要来自以下四个方面：①自然现象或电源不正常造成的软硬件损坏与数据破坏，如电源出故障或丢失笔记本电脑等；②操作失误造成系统数据破坏；③病毒侵扰导致的软件与系统数据的破坏；④人为对系统软硬件及数据的破坏与窃取。

为了维护匹配支持系统的安全性与保密性，必须具有很强的安全保密意识，常用的安全保密措施如下：①共同制定严密的匹配支持系统安全与保密制度，规范每位信息系统有关人员的行为；②定期开展宣传教育工作，提高每位匹配支持系统有关人员的安全与保密意识；③制定匹配支持系统损害恢复规程，明确在系统遇到自然或人为破坏时而应采取的恢复方案与具体步骤；④配置齐全的安全设备，如稳压电源、电源保护装置、空调器等；⑤设置切实可靠的系统访问控制机制，包括系统功能的选用与数据读写的权限、用户身份的确认等；⑥完整地制作系统软件和应用软件的备份，并结合系统的日常运行管理与系统维护，做好数据的备份及备份的保管工作；⑦敏感数据尽可能存储在隔离的地方，由专人保管；⑧制定匹配支持系统安全与保密工作考核措施，定期对相关人员进行考核和奖惩[169]。

7.5　匹配支持系统应用

通过以上分析及设计，开发出产品创新设计人员与组织匹配支持系统。但该系统在实际案例中是否具有可操作性还有待验证，本节将产品创新设计人员与组织匹配支持系统应用于浙江宁波波导大睿机械设备有限公司之中。

7.5.1　应用背景

浙江宁波波导大睿机械设备有限公司是一家以警用装备制造为主营业务的高科技公司，属于劳动力密集型、技术密集型企业。该公司对管理技术、产品销售、应用系统开发、工程技术服务等方面有较高要求。公司本着高技术、高起点的方针迅速拓展市场，为了提高公司的产品创新设计能力，改进服务质量，提高客户满意度，综合各方面因素的考虑，对产品创新设计人员与组织匹配支持信息管理系统进行了初步的应用，以解决公司在产品创新设计人才与组织匹配管理等方面存在的问题。

7.5.2　应用效果

由于系统基础管理、基础数据管理、报告管理、系统帮助等功能模块是信息系统的通用模块，限于篇幅，在此不再赘述。下面仅介绍匹配关键因素识别、匹配测度、匹配优化等三项主要功能模块。使用者由系统管理员分配的账号和密码通过如下登录界面进入系统(图 7.1)，方能调用各功能模块[170]。

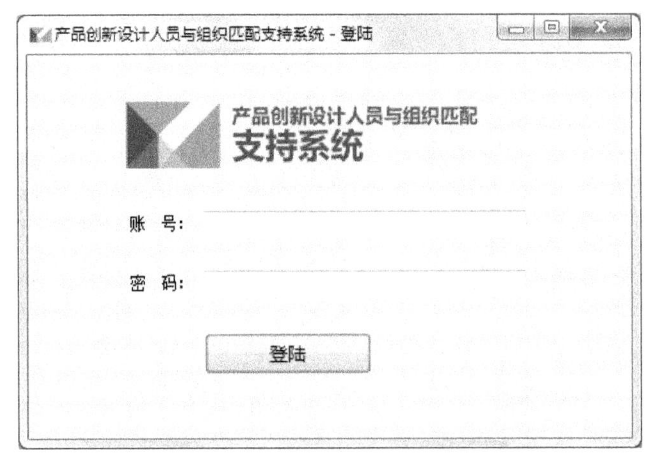

图 7.1　系统登录界面

1. 匹配关键因素识别

步骤 1：用户系统登录后选择“匹配因素管理”选项，然后在左侧选择“影响因素采集”选项会出现如下界面(图 7.2)，在该界面上方用户根据企业实际情况增加、删除、编辑匹配影响因素，系统对相关匹配影响因素进行采集。

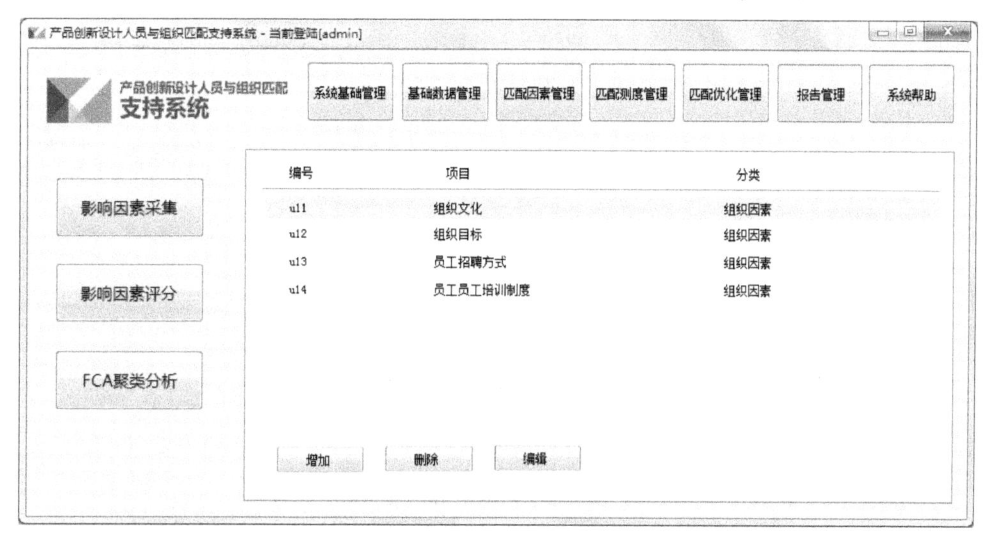

图 7.2　影响因素采集界面

步骤 2：匹配影响因素采集完毕，系统生成匹配影响因素集合，用户在如下界面(图 7.3)选择“影响因素评分”选项，系统将显示匹配影响因素集合所有元素供用户按其偏好打分以确定影响因素的重要程度。

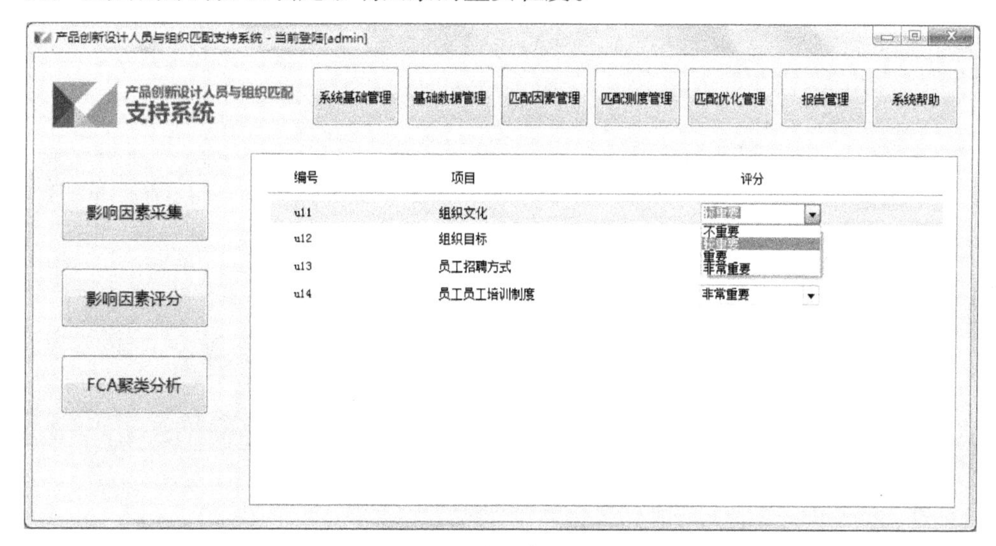

图 7.3　影响因素评分界面

步骤 3：待相关用户完成影响因素评分后，管理用户登录选择“FCA 聚类分析”选项(图 7.4)，系统根据以上评分，调用 FCA 聚类分析模型进行计算分析后，输出如下人员与组织匹配影响因素聚类结果。

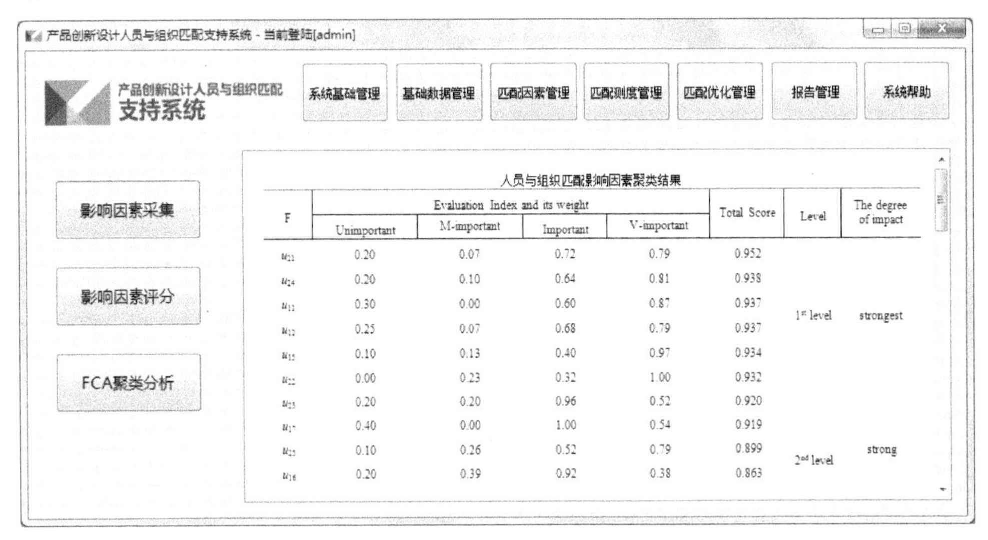

F	Evaluation Index and its weight				Total Score	Level	The degree of impact
	Unimportant	M-important	Important	V-important			
u_{21}	0.20	0.07	0.72	0.79	0.952	1st level	strongest
u_{24}	0.20	0.10	0.64	0.81	0.938		
u_{11}	0.30	0.00	0.60	0.87	0.937		
u_{12}	0.25	0.07	0.68	0.79	0.937		
u_{15}	0.10	0.13	0.40	0.97	0.934		
u_{22}	0.00	0.23	0.32	1.00	0.932		
u_{23}	0.20	0.20	0.96	0.52	0.920		
u_{17}	0.40	0.00	1.00	0.54	0.919		
u_{25}	0.10	0.26	0.52	0.79	0.899	2nd level	strong
u_{16}	0.20	0.39	0.92	0.38	0.863		

图 7.4　FCA 聚类分析界面

2. 匹配测度

步骤 1：用户系统登录后选择“匹配测度管理”选项，然后在左侧选择“关键因素分类”选项会出现如下界面(图 7.5)，在该界面上对已识别的关键因素进行分类，分为“一致性因素”和“互补性因素”两类。

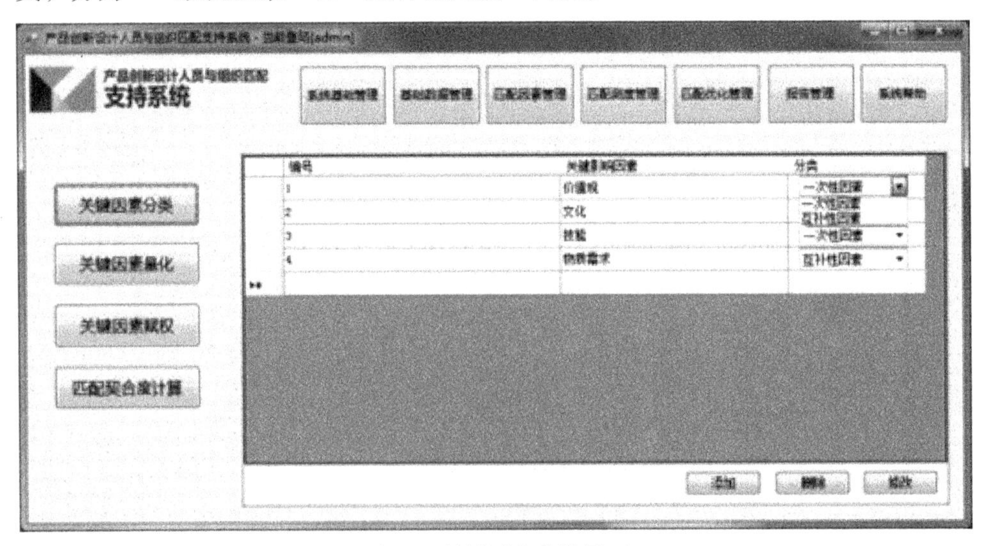

图 7.5　关键因素分类界面

步骤 2：匹配影响因素分类完毕后，用户在如下界面(图 7.6)选择“关键因素量化”选项，进一步选择下拉菜单中的“量化评分”选项，可以根据系统对各因素的描述进行评分。对所有因素评分完毕后，选择“量化结果”选项(图 7.7)，可以阅览到系统生成的影响因素量表。

图 7.6　量化评分界面

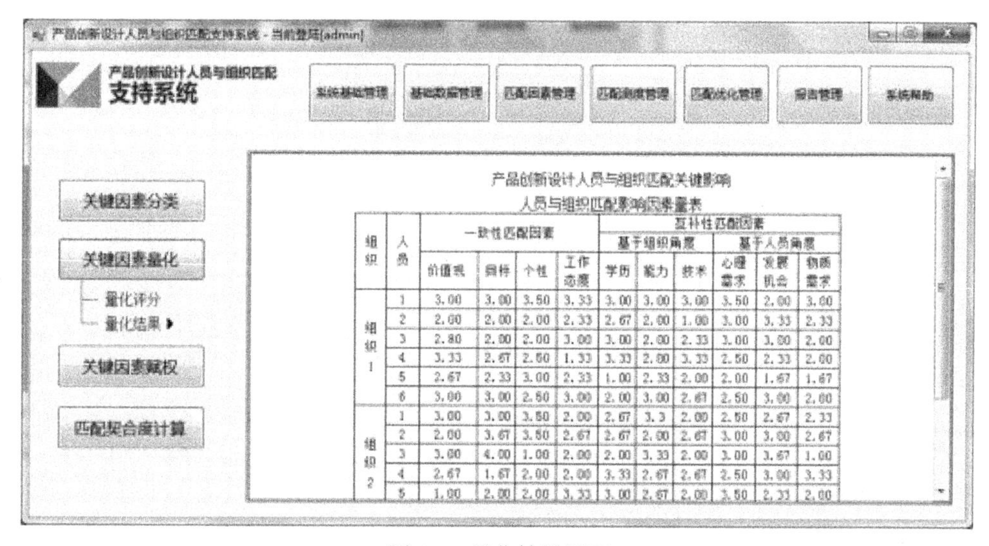
产品创新设计人员与组织匹配关键影响

人员与组织匹配影响因素量表

组织	人员	一致性匹配因素				互补性匹配因素					
						基于组织角度			基于人员角度		
		价值观	品格	个性	工作态度	学历	能力	技术	心理需求	发展机会	物质需求
组织1	1	3.00	3.00	3.50	3.33	3.00	3.00	3.00	3.50	2.00	3.00
	2	2.00	2.00	2.00	2.33	2.67	2.00	1.00	3.00	3.33	2.33
	3	2.80	2.00	2.00	3.00	3.00	2.00	2.33	3.00	3.00	2.00
	4	3.33	2.67	2.50	1.33	3.33	2.00	3.33	2.50	2.33	2.00
	5	2.67	2.33	3.00	2.33	1.00	2.33	2.00	2.00	1.67	1.67
	6	3.00	3.00	2.50	3.00	2.00	3.00	2.67	2.50	3.00	2.00
组织2	1	3.00	3.00	3.50	2.00	2.67	3.3	2.00	2.50	2.67	2.33
	2	2.00	3.67	3.50	2.67	2.67	2.00	2.67	3.00	3.00	2.67
	3	3.00	4.00	1.00	2.00	2.00	3.33	2.00	3.00	3.67	1.00
	4	2.67	1.67	2.00	2.00	3.33	2.67	2.67	2.50	3.00	3.33
	5	1.00	2.00	2.00	3.33	3.00	2.67	2.00	3.50	2.33	2.00

图 7.7　量化结果界面

步骤 3：关键因素量化结束后，用户选择“关键因素赋权”选项，进一步选择下拉菜单中的“专家评分”选项(图 7.8)，可以在系统中进行评分。评分结束后，选择“权重计算”选项(图 7.9)，可以阅览影响因素权重表。

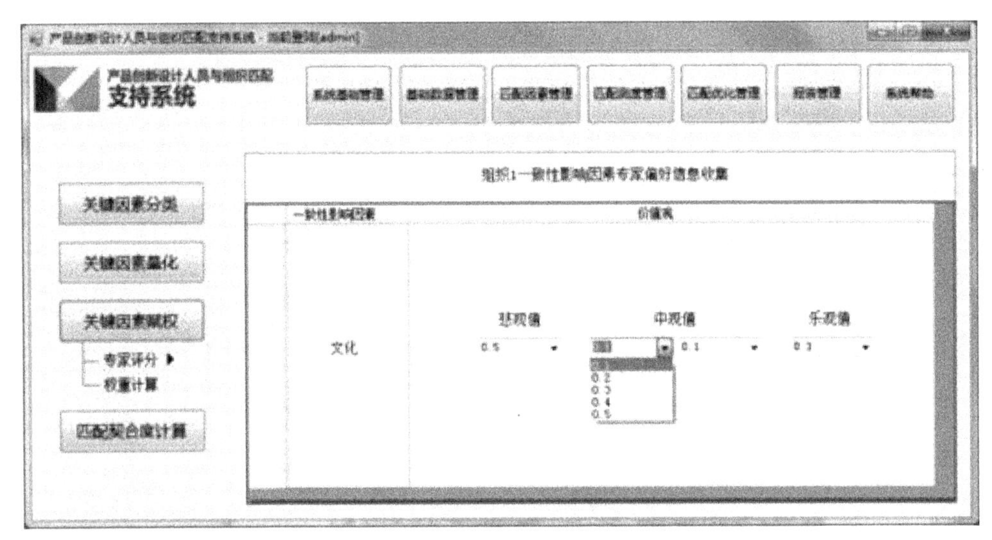

图 7.8　专家评分界面

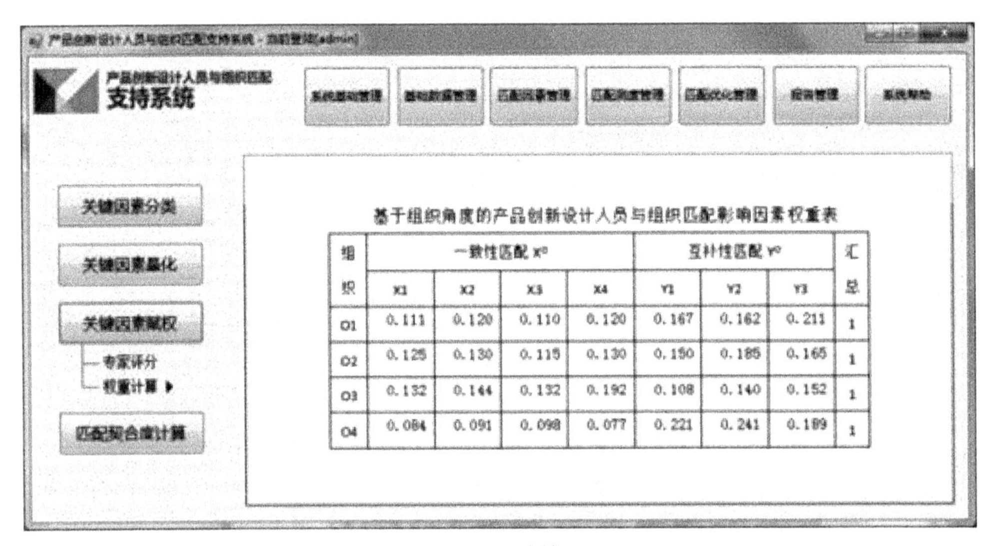

组织	一致性匹配 X^0				互补性匹配 Y^0			汇总
	X1	X2	X3	X4	Y1	Y2	Y3	
O1	0.111	0.120	0.110	0.120	0.167	0.162	0.211	1
O2	0.125	0.130	0.115	0.130	0.150	0.185	0.165	1
O3	0.132	0.144	0.132	0.192	0.108	0.140	0.152	1
O4	0.084	0.091	0.098	0.077	0.221	0.241	0.189	1

图 7.9　权重计算界面

步骤 4：完成以上步骤后，用户选择“匹配契合度计算”选项(图 7.10)，可以阅览到系统自动生成的匹配契合度矩阵。

产品创新设计人员与组织匹配
支持系统

关键因素分类
关键因素量化
关键因素赋权
匹配契合度计算

基于组织角度的产品创新设计人员与组织匹配契合度矩阵

组织 人员	O1	O2	O3	O4
P1	3.09	2.769	2.613	2.802
P2	1.94	2.688	2.479	2.197
P3	2.445	2.516	2.626	2.721
P4	2.705	2.475	3.382	2.453
P5	2.196	2.322	1.778	2.278
P6	2.776	2.553	2.454	2.879

图 7.10 匹配契合度计算界面

3. 匹配优化

步骤 1：用户系统登录后选择“匹配优化管理”选项，然后选择“产品创新设计人员与组织单边匹配”选项(图 7.11)会出现如下界面，在该界面左侧选择“基于人员视角”，即可查阅基于人员视角的匹配方案(图 7.12)；在该界面左侧选择“基于组织视角”，即可查阅基于组织视角的匹配方案(图 7.13)。

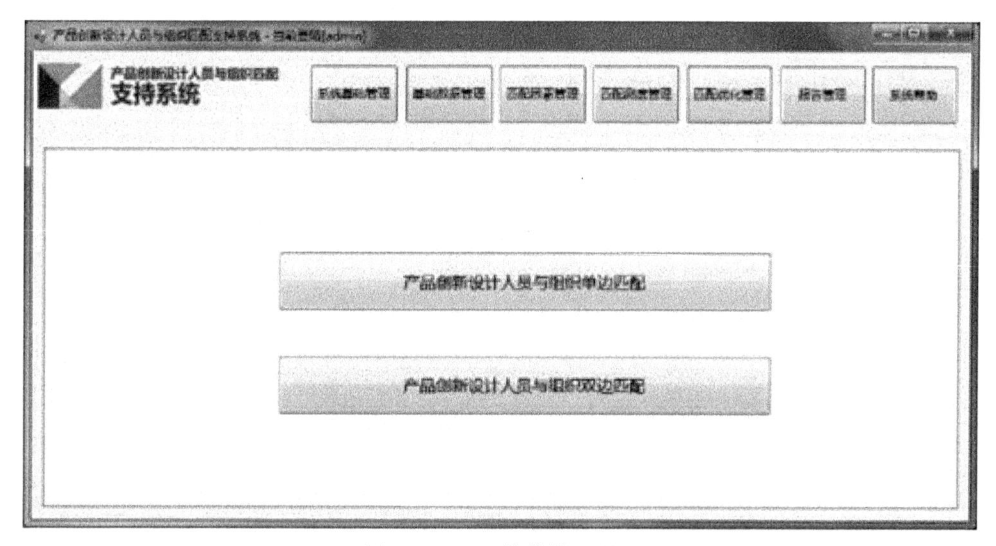

图 7.11 匹配优化管理界面

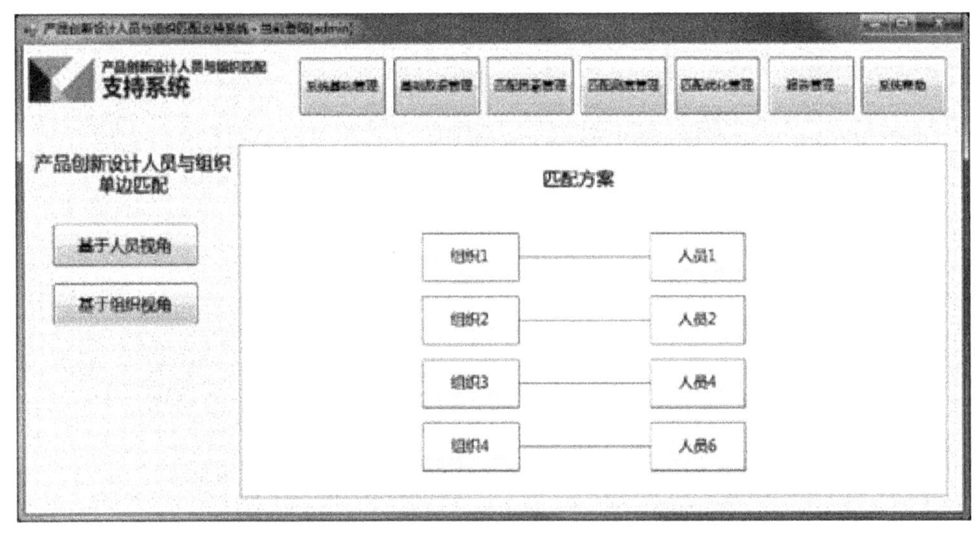

图 7.12　基于人员视角界面

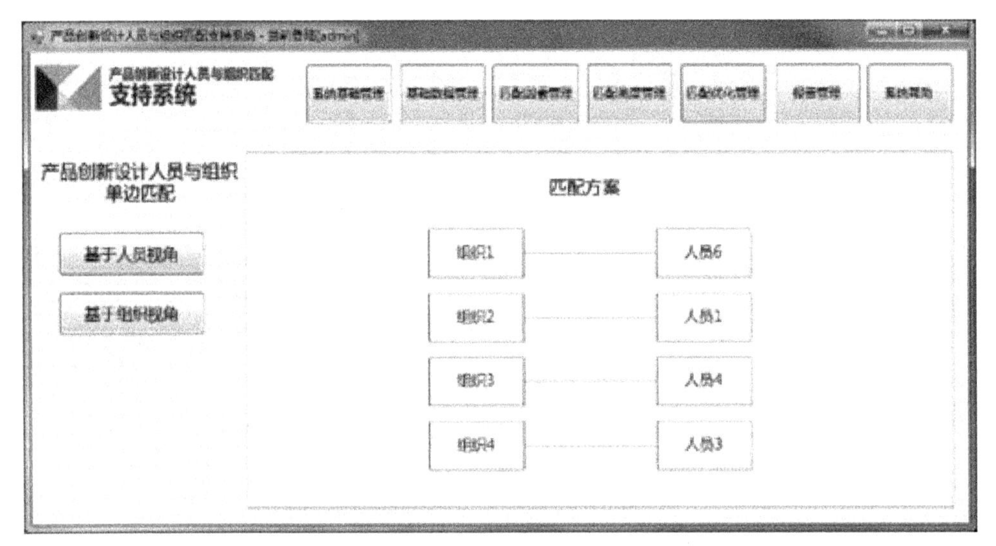

图 7.13　基于组织视角界面

步骤 2：用户系统登录后选择“匹配优化管理”选项，然后选择“产品创新设计人员与组织双边匹配”选项会出现如下界面，在该界面左侧选择“人员和组织数量相等”，即可查阅人员与组织数量相等时的双边匹配方案(图 7.14)；在该界面左侧选择“人员和组织数量不等”，即可查阅人员与组织数量不等时的双边匹配方案(图 7.15)。

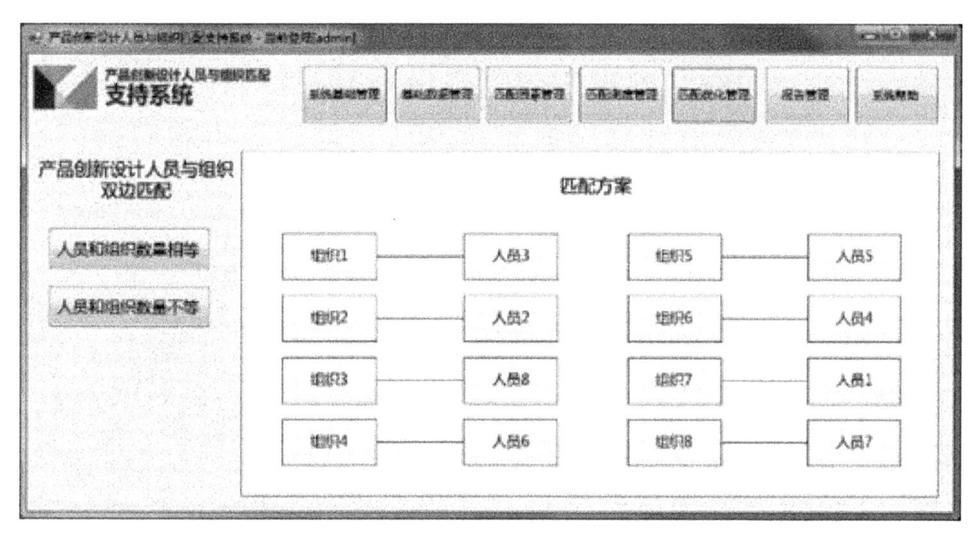

图 7.14 人员和组织数量相等界面

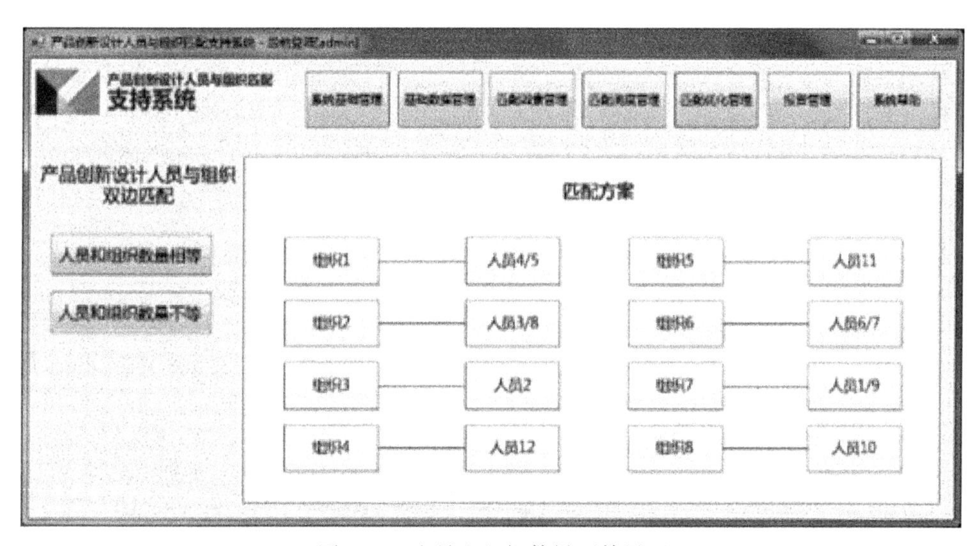

图 7.15 人员和组织数量不等界面

7.6 本 章 小 结

本章遵循应用信息管理系统开发的通用原则，开发出产品创新设计人员与组织匹配支持系统。通过对匹配支持系统进行总体规划，分析该匹配支持系统的需求，设计出该系统的整体架构，介绍了系统实现过程中涉及的相关内容，并将该匹配支持系统应用于浙江宁波波导大睿机械设备有限公司，经过企业的实际使用验证表明，该系统具有良好的应用效果，能够达到预期的系统研发目标。

参考文献

[1] 曾庆婷. 基于 BP 神经网络的煤炭企业关键岗位人岗匹配模型研究——以国有大中型煤炭企业为例[D]. 徐州: 中国矿业大学, 2015.

[2] 李爽英. 天津市测绘院人力资源战略研究 [D]. 天津: 天津大学, 2007.

[3] 陈青洲. 科技园区管理研究 [D]. 上海: 复旦大学, 2007.

[4] 金杨华, 王重鸣. 人与组织匹配研究进展及其意义[J]. 人类工效学, 2001, 7(2): 36-39.

[5] 董媛媛. 基于产品生命周期的家具企业产品开发与管理 [D]. 株洲: 中南林业科技大学, 2007.

[6] 邵源梅. 用科学发展观思想指导办公室管理 [J]. 云南农业, 2005, (2): 22-23.

[7] 段会阳. 基于层次分析法的企业协同绩效评价指标体系的设计与应用——以海信电器为例 [D]. 青岛: 中国海洋大学, 2011.

[8] 王经坤, 艾兴, 黄克正, 等. 虚拟产品开发技术及其在石材机械产品开发中的应用 [J]. 机床与液压, 2003, 184 (4): 75-78.

[9] 荆冰彬, 张景民. 市场需求及其对产品设计的影响 [J]. 机械设计与研究, 1998, (1): 15-17.

[10] 黄焕山, 刘帆. 岗位匹配系统论 [J]. 广东行政学院学报, 2000, (5): 37-42.

[11] 薛宪方. 人与职匹配和人与组织匹配在人事管理中的应用 [J]. 人才开发, 2006, (3): 27-28.

[12] Bretz R D, Rynes S L, Gerhart B. Recruiter perceptions of applicant fit: implications for individual career preparation and job search behavior [J]. Journal of Vocational Behavior, 1993, 43(3): 310-327.

[13] Carless S A. Person–job fit versus person–organization fit as predictors of organizational attraction and job acceptance intentions: a longitudinal study [J]. Journal of Occupational & Organizational Psychology, 2005, 78(3): 411-429.

[14] 刘华国. 高新技术企业员工个人与组织契合度及其相关研究——以南宁市高新技术企业为例 [D]. 南宁: 广西大学, 2007.

[15] 殷桂春. 基于岗位的能力管理 [D]. 南京: 河海大学, 2005.

[16] Chatman J A. Matching people and organizations: selection and socialization in public accounting firms [J]. Academy of Management Annual Meeting Proceedings, 1991, (1): 199-203.

[17] 刘琨. 知识型员工——岗位匹配评价研究 [D]. 天津: 天津商业大学, 2010.

[18] O'Reilly Ⅲ C A, Chatman J, Caldwell D F. People and organizational culture: a profile comparison approach to assessing person-organisation fit [J]. Academy of Management Journal, 2010, 34(3): 487-516.

[19] 李洁萍. 国有投资公司管理中的人岗匹配研究 [D]. 北京: 北京邮电大学, 2012.

[20] 罗伟良. 人力资源配置的个人——岗位动态匹配模型 [J]. 海峡科学, 2003, (5): 24-26.

[21] 郑力源, 曹金龙, 邓金英. 基于 CAS 理论的企业组织系统分析 [J]. 商情, 2012, (12): 172-173.

[22] 马国荣. 何谓复合职能制组织结构 [J]. 施工企业管理, 2015, (3): 88-90.

[23] 郜江军. 企业组织要素分析与组织优化方法研究 [D]. 武汉: 武汉科技大学, 2005.

[24] 赵慧娟, 龙立荣. 个人-组织匹配与工作满意度——价值观匹配、需求匹配与能力匹配的比较研究 [J]. 工业工程与管理, 2009, 14(4): 113-117.

[25] Bosch F A J, Volberda H W, Boer M D. Co-evolution of firm absorptive capacity and knowledge environment: organizational forms and combinative capabilities [J]. Organization Science, 1999, 10(5): 551-568.
[26] 齐二石，蔺宇，王庆. 科技人才岗位匹配度测算研究 [J]. 科技管理研究，2007，27(1)：132-134.
[27] 赵希男，温馨，贾建锋. 组织中人岗匹配的测算模型及应用 [J]. 工业工程与管理，2008，13(2)：112-117.
[28] 黄子恒. 以太组织理论与实证研究 [D]. 北京：北京交通大学, 2009.
[29] 邢青松. 客户协同产品创新效率及其关键影响因素研究 [D]. 重庆：重庆大学, 2012.
[30] Kristof A L. Person-organization fit: an integrative review of its conceptualizations, measurement, and implications [J]. Personnel Psychology, 1996, 49(1): 1-49.
[31] 陈志霞. 知识员工组织支持感对工作绩效和离职倾向的影响 [D]. 武汉：华中科技大学, 2006.
[32] Vancouver J B, Millsap R E, Peters P A. Multilevel analysis of organizational goal congruence [J]. Journal of Applied Psychology, 1994, 79(5): 666-679.
[33] 曾婷婷. 考虑双向契合的产品设计中人岗匹配度测算研究及应用 [D]. 重庆：重庆大学, 2014.
[34] 何晓峥. 基于人才测评浅析企业人才评估模式的有效建立 [J]. 现代经济信息, 2012, (10): 82.
[35] Holland J L. Making Vocational Choices: A Theory of Careers [M]. Englewood Cliffs: Prentice-Hall.
[36] Edwards J R. Person-job fit: a conceptual integration, literature review, and methodological critique [A]// Cooper C L, Robertson I T. International Review of Industrial and Organizational Psychology. New York: Wiley, 1991, 6: 283-357.
[37] 庄瑗嘉，林惠彦. 个人与环境适配对工作态度与行为之影响 [J]. 台湾管理学刊，2005，5(1): 123-148.
[38] 马戎. 我国公务员录用面试的现状及对策研究 [D]. 泉州：华侨大学, 2011.
[39] 赵卫东. 员工-组织匹配影响因素的模型构建与实证研究 [D]. 成都：电子科技大学, 2013.
[40] 李淼. 人才市场测评需求 [J]. 辽宁科技学院学报, 2007, 9(3): 27-28.
[41] Verquer M L, Beehr T A, Wagner S H. A meta-analysis of relations between person -organization fit and work attitudes [J]. Journal of Vocational Behavior, 2003, 63: 473-489.
[42] 马家齐. 协同产品创新中概念设计过程建模及关键技术研究[D]. 重庆：重庆大学, 2012.
[43] 薛承梦. 产品创新设计人员与组织匹配研究及系统开发[D]. 重庆：重庆大学, 2014.
[44] 常亚平，郑宇，朱东红，等. 企业员工文化匹配、组织承诺和工作绩效的关系研究 [J]. 管理学报, 2010, 7(3): 373-378.
[45] Kalliath T J, Bluedorn A C, Strube m J. A test of value congruence effects [J]. Journal of Organizational Behavior, 1999, 20(7): 1175-1198.
[46] 蔡岳德. 试析招聘渠道及其效果 [J]. 商场现代化, 2008, (6): 304-305.
[47] 甘宁. 组织社会化、人与组织匹配和员工绩效关系研究 [D]. 广州：华南理工大学, 2010.
[48] Rhoades L, Eisenberger R. Perceived organizational support: a review of the literature [J]. Journal of Applied Psychology, 2002, 87(4): 698-714.
[49] Bhanthumnavin D. Perceived social support from supervisor and group members' psychological and situational characteristics as predictors of subordinate performance in Thai work units [J]. Human Resource Development Quarterly, 2003, 14(1): 79-97.

[50] 徐哲. 组织支持与员工满意度相关分析研究 [J]. 天津商业大学学报, 2004, 24(1): 21-25.

[51] 张光明, 郑彩霞. 企业薪酬管理公平与员工工作绩效关系研究 [J]. 中国商贸, 2012, (23): 52-54.

[52] Cropanzano R, Howes J C, Grandey A A, et al. The relationship of organizational politics and support to work behaviors, attitudes, and stress [J]. Journal of Organizational Behavior, 1997, 18(2): 159-180.

[53] Masterson S S, Taylor M S. Integrating justice and social exchange: the differing effects of fair procedures and treatment on work relationship [J]. Academy of Management Journal, 2000, 43(4): 738-748.

[54] 魏钧, 张德. 中国传统文化影响下的个人与组织契合度研究 [J]. 管理科学学报, 2006, 9(6): 87-96.

[55] Rhoades L, Eisenberger R, Armeli S. Affective commitment to the organization: the contribution of perceived organizational support [J]. Journal of Applied Psychology, 2001, 86(5): 825-836.

[56] Wayne S J, Shore L M, Bommer W H, et al. The role of fair treatment and rewards in perceptions of organizational support and leader-member exchange [J]. Journal of Applied Psychology, 2002, 87(3): 590-598.

[57] 宋利, 古继宝, 杨力. 人力资源实践对员工组织支持感和组织承诺的影响实证研究 [J]. 科技管理研究, 2006, 26(7): 157-160.

[58] 穆春晓, 高纪. 人-组织匹配度与工作绩效之间的相关性研究 [J]. 价值工程, 2012, (31): 138-140.

[59] 于海波, 方俐洛, 凌文辁. 组织学习及其作用机制的实证研究 [J]. 管理科学学报, 2007, 10(5): 48-61.

[60] 刘丽文. 组织学习能力测评研究 [D]. 南京: 南京航空航天大学, 2006.

[61] 王明辉, 凌文辁. 员工组织社会化研究的概况 [J]. 心理科学进展, 2006, 14(5): 722-728.

[62] 奚玉芹, 戴昌钧. 人—组织匹配研究综述 [J]. 经济管理, 2009, (8): 180-186.

[63] 王春辉. 高技能人才成长路径及相关效果评价研究 [D]. 天津: 天津理工大学, 2010.

[64] 雷鸣. 企业有效招聘模式的实施与评价 [D]. 武汉: 武汉科技大学, 2008.

[65] Calantone R J, Cavusgil S T, Zhao Y. Learning orientation, firm innovation capability, and firm performance [J]. Industrial Marketing Management, 2002, 31(6): 515-524.

[66] Johnson D J. Differentiating content area curriculum to address individual learning styles [J]. Illinois Reading Council Journal, 2006, 34(3): 26-39.

[67] 周紫君. 电网企业的部门绩效评价系统研究及应用 [D]. 重庆: 重庆大学, 2013.

[68] 郭志慧. 德尔菲法简介及在国家重点实验室运行管理中的应用 [J]. 中国基础科学, 2011, (6): 20-22.

[69] 梁晓丹. CRM 项目实施过程中的风险管理研究 [D]. 北京: 北京邮电大学, 2009.

[70] 郭鲁. 湖南省海外高层次人才引进的效果评价研究 [D]. 长沙: 中南大学, 2013.

[71] 陈姿. 基于 Fuzzy-熵的企业培训外包风险研究与应用 [D]. 重庆: 重庆大学, 2013.

[72] 石永旭. 干部管理信息系统及业务能力评价研究与实现 [D]. 西安: 长安大学, 2013.

[73] 张云才. 202 所职能部门领导个性化考评体系研究 [D]. 西安: 西安工业大学, 2015.

[74] 林鸿波. 继电保护校验的风险分析与风险控制研究 [D]. 广州: 华南理工大学, 2012.

[75] 王磊. 基于最小二乘-马尔科夫链模型的产品回收预测研究 [D]. 石家庄: 河北科技大学, 2013.

[76] 裘益明. 基于层次分析法的网络团购经营模式研究 [D]. 杭州: 浙江工业大学, 2011.
[77] 马晓君. 成长型企业无形资产统计问题研究 [D]. 大连: 东北财经大学, 2011.
[78] 王妍. 基于 WEB 技术的兼职教师信息系统的研究与实现 [D]. 保定: 华北电力大学, 2011.
[79] 杜妮. 知识流动视角下产业集群核心竞争力评价研究 [D]. 长沙: 中南大学, 2011.
[80] 张园园. 河北省建设用地节约集约控制指标研究 [D]. 保定: 河北农业大学, 2012.
[81] 冯伟. 浅谈 AHP 方法在公路管理处绩效考核中的应用[R]. 银川: 2009 年度学术论文集暨"第十六届全国高速公路管理工作研讨会", 2009.
[82] 高源. 高新技术企业无形资产价值贡献评价体系研究 [D]. 哈尔滨: 黑龙江大学, 2013.
[83] 任志玲. 弓网系统载流摩擦磨损性能及其最优载荷研究 [D]. 阜新: 辽宁工程技术大学, 2012.
[84] 张伟华. 供电企业突发事件新闻应急管理研究[D]. 保定: 华北电力大学, 2014.
[85] 高晓菲. 基于 BSC 和 KPI 的高校全面预算管理绩效评价研究 [D]. 保定: 华北电力大学, 2010.
[86] 李大超. 我国煤炭产业竞争力评价研究 [D]. 太原: 山西大学, 2014.
[87] 张敏. 基于决算审计的建设项目绩效评价模型 [D]. 株洲: 中南林业科技大学, 2012.
[88] 魏晓莉. 双层绩效考核体系的绩效考评模式研究 [D]. 北京: 北京化工大学, 2008.
[89] 谢京. 城市水务大系统分析与管理创新研究 [D]. 天津: 天津大学, 2007.
[90] 余静. 我国外债的规模与结构问题研究 [D]. 苏州: 苏州大学, 2013.
[91] 黄花. 吸湿速干织物的性能研究 [D]. 苏州: 苏州大学, 2010.
[92] 李虹来, 勒中坚. 灰色关联分析在农业现代化评价体系中的应用 [J]. 江西财经大学学报, 2007, 30(1): 43-45.
[93] 张冠军. 旅游电子商务感知风险研究 [D]. 南京: 南京师范大学, 2008.
[94] 郑爱华. 煤矿安全投入规模与结构分析及政府安全分类监管研究 [D]. 徐州: 中国矿业大学, 2009.
[95] 郭慧芳, 莫连光. 灰色关联理论运用于农民收入分析的研究 [J]. 财贸研究, 2007, (1): 31-37.
[96] 张德春. 裕溪船闸通过量预测及影响因素分析 [D]. 合肥: 合肥工业大学, 2008.
[97] 邓聚龙. 灰色系统(社会经济) [M]. 北京: 国防工业出版社, 1985.
[98] 周秀文. 灰色关联度的研究与应用 [D]. 长春: 吉林大学, 2006.
[99] Wong C C, Chen C C. Data clustering by grey relational analysis [J]. The Journal of Grey System, 1998, 10(4): 281-288.
[100] Wen K L, Chang T C. Data preprocessing for grey relational analysis source [J]. The Journal of Grey System, 1999, 11(2): 139-142.
[101] Wu W D, Pu Z L. Grey relational analyzing the associated elements of gold [J]. The Journal of Grey System, 1999, 11(2): 143-146.
[102] Zhang X C. Grey analyzing the decrease of cultivated area in Guangdong province [J]. The Journal of Grey System, 2001, 13(2): 193-198.
[103] 高新波. 模糊聚类分析及其应用 [M]. 西安: 西安电子科技大学出版, 2004.
[104] 张会云, 唐元虎. 企业技术创新影响因素的模糊聚类分析 [J]. 科研管理, 2003, 24(6): 71-77.
[105] Schmidt F L, Hunter J E. Measurement error in psychological research: lessons from 26 research scenarios [J]. Psychological Methods, 1996, 1(2): 199-233.

[106] Cortina J M, Goldstein N B, Payne S C, et al. The incremental validity of interview scores over and above cognitive ability and conscientiousness scores [J]. Personnel Psychology, 2000, 53: 325-351.
[107] 赵慧娟, 龙立荣. 个人–组织匹配的研究现状与展望 [J]. 心理科学进展, 2004, 12(1): 111-118.
[108] 邹立志. 企业变革下的人力资源管理 [D]. 北京: 首都经济贸易大学, 2004.
[109] 汪定伟. 电子中介的多目标交易匹配问题及其优化方法 [J]. 信息系统学报, 2007, (1): 102-109.
[110] 王金干, 李玉萍, 施小丽. 人力资源管理中人才甄选的灰色多层次评价 [J]. 工业工程, 2005, 8(1): 87-89.
[111] 何才伟. 我国公共部门管理中的人职匹配研究 [D]. 贵阳: 贵州大学, 2009.
[112] 何才伟, 陈加洲. 个人与组织契合的衡量指标研究 [J]. 中小企业管理与科技, 2009, (16): 96-97.
[113] 丁夏齐, 杨崇森, 田坤. 个人–组织契合度的测量指标研究——基于相似性契合与互补性契合的分类研究 [J]. 人力资源管理, 2010, (11): 92-94.
[114] 缪自光, 付继娟. 人与组织匹配的测量方法与手段 [J]. 武汉职业技术学院学报, 2005, 4(3): 25-27.
[115] 孙健敏, 王震. 人–组织匹配研究述评:范畴、测量及应用 [J]. 首都经济贸易大学学报, 2009, 11(3): 16-22.
[116] 唐源鸿, 卢谢峰, 李珂. 个人–组织匹配的概念、测量策略及应用:基于互动性与灵活性的反思 [J]. 心理科学进展, 2010, 18(11): 1762-1770.
[117] Kristof A L. Person-organization fit: an integrative review of its conceptualizations, measurement and implications [J]. Personnel Psychology, 1996, 49(1):1-49.
[118] 赵红梅, 仲伟俊. 个人–组织契合度量表的研究 [J]. 东南大学学报(哲学社会科学版), 2008, 10(4): 62-67.
[119] Fields D L. 工作评价:组织诊断与研究实用量表 [M]. 阳志平, 王薇, 王东开, 等译. 北京: 中国轻工业出版社, 2004.
[120] 宋联可, 杨东涛, 杨浩. 组织文化评价量表研究 [J]. 华东经济管理, 2009, 23(7): 150-153.
[121] 黄洁, 王雪, 岳永兵. 实物地质资料采集成果效益评估指标体系初探 [J]. 当代经济, 2016, (7): 121-123.
[122] 孙德忠, 喻登科, 田野. 一种基于专家组合多重相关的主观赋权方法 [J]. 统计与决策, 2012, (19): 88-90.
[123] 黎毅. 利益相关者视角下企业绩效评价体系研究 [D]. 南昌: 江西财经大学, 2011.
[124] 王文彦. 多变量综合评价分析方法综述 [J]. 经营管理者, 2011, (5): 288.
[125] 张健. 基于机器视觉的强化木地板表面质量检测方法研究 [D]. 北京: 北京林业大学, 2010.
[126] 王昱祺. 我国国际物流发展水平的评价研究 [D]. 沈阳: 东北大学, 2008.
[127] 余波. 安徽国防科技职业学院学生消费行为与消费心理研究 [D]. 合肥: 合肥工业大学, 2009.
[128] 韩颖. 河南省农村区域经济发展水平比较研究 [D]. 郑州:河南农业大学, 2009.
[129] 刘阳. 基于因子分析法分析比较金融危机前后山东主要上市公司经营绩效 [D]. 青岛: 青岛大学, 2010.
[130] 覃光华. 人工神经网络技术及其应用 [D]. 成都: 四川大学, 2003.

[131] 田凤调. 秩和比法在医院统计中的应用 [J]. 中国医院统计, 1994, (1): 41-46.
[132] 孟凡永. 区间数、三角模糊数及其判断矩阵排序理论研究 [D]. 南宁: 广西大学, 2008.
[133] 段泽华. 云南上市公司综合业绩评价的实证分析 [D]. 成都: 西南财经大学, 2010.
[134] 王萍, 张宽裕. 人与组织匹配对组织功效的影响 [J]. 华东经济管理, 2008, 22(1): 37-40.
[135] 孙武. 结构化面试研究 [D]. 厦门: 厦门大学, 2008.
[136] 谢亚. 北京地区入境生物试剂共同配送系统构建研究 [D]. 北京: 北京交通大学, 2014.
[137] 张利斌. 基于遗传算法的无线传感器网络能耗优化 [J]. 电脑知识与技术:学术交流, 2013, (1): 582-585.
[138] 方鹤. 面向区域的公交调度方法研究 [D]. 天津: 河北工业大学, 2007.
[139] 赵懿丹. 两种群体智能算法的研究及其应用 [D]. 厦门: 厦门大学, 2009.
[140] 卢雪夫. 基于蚁群算法的图像边缘检测 [D]. 成都: 电子科技大学, 2010.
[141] 姚亮. PDGIS 数据模型在规划与运行中的研究 [D]. 保定: 华北电力大学, 2008.
[142] 高美娟. 用于储层参数预测的神经网络模式识别方法研究 [D]. 大庆: 东北石油大学, 2005.
[143] 周坤. 基于灰色智能的隐蔽目标识别 [D]. 北京: 中国地质大学, 2008.
[144] 董志玮. 人工神经网络优化算法研究与应用 [D]. 北京: 中国地质大学, 2013.
[145] 张善文, 雷英杰. MATLAB 遗传算法工具箱及应用 [M]. 西安: 西安电子科技大学出版社, 2005.
[146] 杨利宏. 基于遗传算法的资源约束型项目调度问题的优化 [D]. 上海: 上海交通大学, 2007.
[147] 张灵敏. 织物疵点检测方法及其基于 DM642 图像处理系统的软件设计 [D]. 北京: 北京服装学院, 2008.
[148] 雒战波. 改进遗传算法在模糊多目标军事指派问题中的应用 [D]. 厦门: 厦门大学, 2006.
[149] 张云. 配电网中基于遗传算法的分布式发电规划 [D]. 保定: 河北农业大学, 2008.
[150] 田景文. 地下油藏的仿真与预测 [D]. 哈尔滨: 哈尔滨工程大学, 2001.
[151] 史东风. 基于岗位胜任力的石油企业中层管理者人岗匹配模型研究 [D]. 南充: 西南石油大学, 2011.
[152] 李铭洋. 基于偏好序的若干双边满意匹配方法研究 [D]. 沈阳: 东北大学, 2014.
[153] 乐琦. 考虑主体心理行为的双边匹配决策方法 [J]. 系统工程与电子技术, 2013, 35(1): 120-125.
[154] 陈希. 双边匹配决策方法研究 [D]. 沈阳: 东北大学, 2010.
[155] Gale D, Shapley S. College admissions and the stability of marriage [J]. American Mathematical Monthly, 2013, 69(1): 9-15.
[156] 朱爱琴. 中小学信息技术考试系统设计与实现 [D]. 武汉: 华中师范大学, 2004.
[157] 梁亮. 混合式学习研究及其网络教学支持系统的建构 [D]. 西安: 第四军医大学, 2007.
[158] 梁云娟, 刘燕. 基于 WEB 技术的教学辅助平台的设计与实现 [J]. 河南科技学院学报(自然科学版), 2006, 34(1): 83-86.
[159] 张湘江. 研究生教育管理信息系统的设计与实现 [D]. 保定: 华北电力大学, 2010.
[160] 张利兵. Blended Learning 理论研究及其支持系统开发 [D]. 保定: 华中师范大学, 2005.
[161] 王全茂. 胶州市土地局党务管理系统的设计与实现 [D]. 成都: 电子科技大学, 2011.
[162] 吉晓香, 张国华. 基于B/S模式的博客系统 [J]. 电脑知识与技术, 2010, 6(11): 2561-2562.
[163] 冯继明. 基于 Web 新生管理系统的设计与实现 [D]. 大庆: 东北石油大学, 2010.
[164] 齐艳萍. 土地利用管理信息系统设计与应用研究 [D]. 呼和浩特: 内蒙古师范大学, 2007.
[165] 王玉伟. 财务办公管理系统设计与实现 [D]. 成都: 电子科技大学, 2014.

[166] 徐振国. 基于 ASP 的网络课程在线报名系统的设计与实现 [J]. 中国教育技术装备, 2014, (18): 36-38.
[167] 孟东灼. 浙江省诸暨市行政单位工资管理系统设计与开发 [D]. 成都: 电子科技大学, 2010.
[168] 王翊. 连锁零售业库存管理决策支持系统的研究 [D]. 武汉: 武汉理工大学, 2005.
[169] 刘仁辉. 基于 B/S 结构的信息系统开发模式的研究 [D]. 哈尔滨: 哈尔滨理工大学, 2004.
[170] 王萍. 人与组织匹配的理论与方法的研究 [D]. 武汉: 武汉理工大学, 2007.